T0244527

CÓMO DESPERTAR EL AMOR DE UNA PLANTA

Cultiva un espacio verde
en tu hogar y en tu corazón

SUMMER RAYNE OAKES

Ilustraciones de Mark Conlan

CÓMO DESPERTAR
EL AMOR
DE UNA PLANTA

Cultiva un espacio verde
en tu hogar y en tu corazón

OCEANO

CÓMO DESPERTAR EL AMOR DE UNA PLANTA
Cultiva un espacio verde en tu hogar y en tu corazón

Título original: HOW TO MAKE A PLANT LOVE YOU: Cultivate Green Space
   in Your Home and Heart

© 2019, Summer Rayne Oakes
© 2019, Mark Conlan, por las ilustraciones

Publicado según acuerdo con Optimism Press, un sello de Penguin Publishing Group,
una división de Penguin Random House, LLC.

Traducción: Wendolín Perla

Diseño de portada: Jazbeck Gámez
Fotografía de la autora: Joey L.

D. R. © 2020, Editorial Océano de México, S.A. de C.V.
Homero 1500 - 402, Col. Polanco
Miguel Hidalgo, 11560, Ciudad de México
info@oceano.com.mx

Primera edición: 2020

ISBN: 978-607-557-217-8

Impreso en México / Printed in Mexico

A las plantas: mis maestras, compañeras y compatriotas,
pues me han enseñado mucho a lo largo de los años

y

A los fanáticos de las plantas que alguna vez se han enamorado
de ellas: sigan adelante y cubran de verde su hogar y su planeta.

ÍNDICE

UNA CARTA DE SIMON SINEK

La visión es clara: construir un mundo donde la gran mayoría de la gente se levante cada mañana sintiéndose inspirada, segura en el trabajo y regrese a casa satisfecha al final del día. Estoy convencido de que la mejor manera de construir el mundo que imagino es a través de líderes. Buenos y grandes líderes. Por ello, he dedicado mi vida profesional a encontrar, formar y apoyar a líderes comprometidos con esa visión.

Por desgracia, la práctica del liderazgo es sumamente incomprendida. No está relacionada con el cargo que ocupe alguien ni con la autoridad. Esas cosas pueden acompañar un puesto de liderazgo —y podrían ayudar a un líder a operar con mayor eficiencia y a mayor escala—, pero no convierten a una persona en líder. El liderazgo no se trata de ser quien manda, sino de cuidar a quienes están a nuestro cargo. Es una labor distintivamente humana. Parte de lo que se requiere para promover un buen liderazgo es compartir las lecciones, herramientas e ideas que nos ayudan a convertirnos en los líderes que desearíamos tener. *Cómo despertar el amor de una planta* es una de esas ideas.

Me enamoré de este concepto porque, en el fondo, *Cómo despertar el amor de una planta* es una metáfora de cómo vemos, y tratamos, a la gente.

Es un recordatorio directo pero sutil de que debemos considerar la importancia de nuestro entorno. Piensa en cómo tratamos a las plantas que tenemos en casa: encontramos una que nos gusta, la colocamos en la habitación que deseamos, donde creemos que luce mejor y luego esperamos a que florezca. Por desgracia, esa estrategia únicamente aumenta la probabilidad de que esa planta sufra o muera. Primero debemos entender a la planta a fin de crear las condiciones adecuadas para que florezca. Lo mismo ocurre con la gente.

Con mucha frecuencia encontramos a alguien que cuenta con la experiencia necesaria para realizar un trabajo que requerimos. Lo ubicamos en una posición laboral en un espacio determinado y esperamos a que florezca. Desafortunadamente, una estrategia de este tipo aumenta la probabilidad de que a esta persona se le dificulte desempeñarse bien o realizar su trabajo a su máxima capacidad. Pero existe una solución.

Para algunos, *Cómo despertar el amor de una planta* es un libro sobre cómo cuidamos y tratamos a nuestras plantas. Sin embargo, si adoptamos las filosofías subyacentes, encontraremos valiosas lecciones de vida que nos enseñarán cómo cuidar y tratar mejor a las *personas*, comenzando por nosotros mismos. Summer Rayne nos lleva en un viaje para mostrarnos cómo el ambiente que creamos tiene un impacto en nuestra vida y en la de quienes nos rodean. Si aprendemos a preguntarnos lo que una planta necesita de nosotros y no lo que nosotros requerimos de ella, entonces haremos lo mismo con las personas. Este cambio de mentalidad es justo de lo que se trata el liderazgo de servicio. Y en cuanto aprendamos a hacerlo, este cambio infundirá vida a nuestros espacios, comunidades y existencia.

¡Sigan cultivando e inspirando!

Simon Sinek

PREFACIO POR WADE DAVIS

Este libro es una historia de amor que nos invita a adoptar las maravillas del reino botánico —todas las gloriosas especies de orquídeas y begonias, aráceas y fucsias, los delicados helechos y las fantásticas bromelias que florecen en la naturaleza y que pueden aparecer en nuestros hogares y vidas con tanta facilidad. Al compartir la forma en que las plantas transformaron su vida, Summer Rayne Oakes ofrece una guía práctica que te permitirá descubrir, al igual que ella, una relación que es a la vez gratificante y reveladora.

A medida que Summer Rayne narra su encantadora travesía —que la condujo de ser una excéntrica activista ambiental y modelo internacional que trabaja y vive en su departamento urbano a convertirse en una gurú de la horticultura inspirada por las plantas—, nos confronta con una paradoja fundamental: todos amamos la naturaleza. Las plantas representan 80 por ciento de la biomasa del planeta y, sin embargo, la mayoría de nosotros sabe relativamente poco sobre botánica. Podemos conocer cientos de nombres populares, pero somos incapaces de nombrar una sola especie de plantas florales.

Las plantas son la base de toda existencia sensible. El milagro de la fotosíntesis permite a las hojas de color verde aprovechar la energía del sol para producir alimento y liberar oxígeno a la atmósfera, sin la cual ninguno de nosotros podría vivir. Se alienta a los niños de todas las naciones a recitar eslóganes patrióticos, versos, plegarias y cancioncillas populares; no obstante, ni a uno en un millón se le pide comprometerse con la fórmula de la vida: el ciclo metabólico mediante la cual el dióxido de carbono y el agua, estimulados por los fotones de luz, se transforman en carbohidratos y oxígeno.

Con esto no pretendo emitir un juicio, ya que yo también fui educado sin conciencia del profundo significado que tienen las plantas. Al igual que Summer Rayne, crecí con un gran aprecio por la naturaleza y pasé muchas horas explorando los bosques y las montañas de mi hogar. Sin embargo, aunque con el tiempo haría un doctorado en biología con especialidad en etnobotánica, no fue sino hasta mi tercer año en la universidad que tomé una clase de botánica. Durante mi juventud, y sobre todo en mis años de preparatoria, asociaba la biología académica con el formaldehído, ratas en formol y técnicos con batas blancas en laboratorios escolares que olían a químicos. Sólo con el tiempo descubriría que mientras algunos profesores de biología pueden resultar aburridos, las plantas nunca lo son, y el estudio de la botánica es en realidad una ventana que se abre de par en par para revelar la esencia sagrada de la vida.

A los veinte años viví la abrumadora grandeza de la selva tropical del Amazonas por primera vez. Es algo sutil. Se avistan pocas flores y prácticamente ninguna cascada ni orquídea, sólo cientos de tonos verduzcos; una infinitud de figuras, formas y texturas. Sentarse en silencio implica escuchar el zumbido constante de la actividad biológica —la evolución, por así decirlo, trabajando a toda marcha. Desde el borde de los senderos las enredaderas azotan la base de los árboles y las heliconias y calateas dan lugar a las aráceas de hojas anchas que se trepan por las sombras. Por lo alto, las lianas cuelgan de inmensos árboles uniendo el tapiz del bosque en un solo tejido vivo.

En un inicio, dado que sabía muy poco sobre plantas, la selva tropical me pareció una maraña de formas, figuras y colores sin significado ni profundidad: hermosa en su conjunto pero, en última instancia, incomprensible y exótica. No obstante, bajo una lente botánica, los componentes del mosaico de pronto tenían nombre, los nombres sugerían relaciones y las relaciones adquirían significado. Esto, para mí, fue la gran revelación de la botánica.

Mi compañero en este viaje fue el difunto Timothy Plowman, el protegido del legendario explorador de plantas del Amazonas, Richard Evans Schultes. A mediados de la década de 1970, en una travesía inspirada por nuestro gran profesor (hecha posible por su generosidad e inspirada en todo momento por su espíritu), Tim y yo viajamos a lo largo de Sudamérica, atravesando los Andes para llegar a los bosques nublados y drenajes remotos que desembocaban en el Amazonas. Tim fue un mentor iluminado, amigo entrañable y botánico brillante —uno de los pocos capaces de reestructurar las clasificaciones taxonómicas con tan sólo sostener una flor a la luz.

Incluso mientras Tim y yo nos abríamos camino hacia el sur, recolectando diversos especímenes de herbario y grandes cantidades de material vivo destinados a los jardines botánicos del mundo, apareció un libro que causó revuelo, pues hablaba de la capacidad de respuesta de las plantas caseras a la música y la voz humana. A Tim todo esto le pareció una ridiculez.

—¿A una planta por qué diablos habría de importarle Mozart? —preguntó—. Y aunque le importara, ¿por qué habría de impresionarnos? Digo, las plantas se alimentan de luz. ¿Acaso eso no es suficiente?

Tim procedió a definir la fotosíntesis como lo haría un artista al describir el color. Dijo que en el crepúsculo el proceso se revierte y las plantas en realidad emiten pequeñas cantidades de luz. Se refirió a la savia como la sangre verde de las plantas, explicando que, a nivel estructural, la clorofila es casi igual al pigmento de nuestra sangre, con la única diferencia de que el hierro presente en la hemoglobina es reemplazado por el magnesio en las plantas. Habló sobre la forma en que crecen las plantas: una semilla de pasto produce 96.6 kilómetros de pelos radiculares en un día y 9,656 kilómetros en el transcurso de una temporada; un campo de heno exhala 500 toneladas de agua al aire cada día; una flor empuja su brote a través de casi ocho centímetros de pavimento; un solo amento de abedul produce 5 millones de granos de polen; un árbol vive 4,000 años. El tronco de una cicuta occidental, un milagro de la bioingeniería, almacena cientos de galones de agua y sostiene ramas adornadas con hasta 70 millones de agujas, las cuales capturan la luz del sol. Esparcidas sobre el suelo, las agujas de un solo árbol crearían una superficie fotosintética diez veces más grande que un estadio de futbol americano.

A diferencia de todos los botánicos que había conocido, Tim no estaba obsesionado con la clasificación. Para él, los nombres en latín eran como *koanes* o versos. Los recordaba con facilidad y, sobre todo, disfrutaba sus orígenes.

—Cuando pronuncias los nombres de las plantas —me dijo—, nombras a los dioses.

Entre nuestros múltiples descubrimientos botánicos durante esos largos meses de trabajo de campo hubo algunos nuevos alucinógenos, revelados mediante una serie continua de autoexperimentación. El profesor Schultes una vez bromeó al decir que Tim y yo nos comimos todo lo que encontramos en los bosques y setos de los Andes y la parte alta del Amazonas. Estas curiosas sesiones me inspiraron a compartir una epifanía con nuestro adorado y conservador profesor. En un pedazo de cartón que encontré tirado en el desierto, anoté un simple enunciado que más tarde pretendía enviar a Harvard por telegrama: "Querido profesor Schultes", decía la nota, "Todos somos plantas ambulatorias". Tim me sugirió ser precavido y, por fortuna, nunca mandé el mensaje.

Pese a que dicha misiva era inapropiada en ese momento, aun así transmitía verdades esenciales. La vida emergía del mar. Los animales caminaban. Las plantas se enraizaban en un lugar. Los animales desarrollaban órganos que concentraban todas las funciones esenciales para sobrevivir. Por el contrario, las plantas esparcían estas funciones a lo largo de todo el organismo, valiéndose de todo su cuerpo para respirar y crear alimento mediante los procesos de respiración y fotosíntesis. Al evolucionar, las plantas no desarrollaron cerebros porque una estructura de producción tan descentralizada no requería de ello. Toda superficie verde genera alimento. La maravilla de las plantas, como solía decir Tim, no es la posibilidad de que respondan a Mozart, Beethoven o los Beatles sino más bien la forma en que existen. Sugerir que se comunican con la esfera humana bajo nuestros términos es una presunción que revela, al igual que otras cosas, una falta de apreciación de lo que las plantas han logrado como organismos vivos a lo largo de millones de años de intensa presión y competencia evolutiva.

Esto no quiere decir que la ciencia haya esclarecido todo lo relativo al reino botánico. Como escribe Summer Rayne en este libro extraordinario, las plantas nunca dejan de maravillarnos debido a las inexplicables habilidades que poseen y a que desafían los límites de nuestra imaginación. Por ejemplo, está el caso de la *Mimosa pudica*, que comúnmente se ubica en las orillas de los caminos, conocida por muchos como "la planta sensible". Al tocar sus hojas, éstas se cierran como mecanismo de defensa y sólo retoman su apertura original en superficies fotosintéticas totalmente expuestas al sol. Sin embargo, si se establece contacto físico con la planta varias veces, entonces en algún punto dejará de responder a los estímulos táctiles. Podríamos concluir que, de manera inherente, ya no percibe ningún peligro en ese tacto, lo cual sugiere cierto tipo de capacidad de memoria.

Otra señal de una intención deliberada por parte de las plantas se halla en las selvas tropicales templadas del noroeste pacífico. La base de estos bosques se compone de los micelios de cientos de especies de hongos. Los micelios constituyen la parte vegetativa de un hongo y son pequeños filamentos parecidos a un cabello que se esparcen a través de la capa orgánica en la superficie de la tierra, absorbiendo alimento y precipitando la descomposición. Un champiñón no es más que la estructura fructífera, el cuerpo reproductivo. A medida que crecen los micelios, constantemente se encuentran con raíces de árboles. Si la combinación de especies es la correcta, entonces ocurre un asombroso acontecimiento biológico. Hongo y árbol se unen para formar micorrizas, una relación simbiótica que beneficia a ambos seres. El árbol le proporciona al hongo azúcares creadas a partir de la luz solar. A su vez, los micelios aumentan la capacidad del árbol de absorber nutrientes y agua de la tierra. También producen sustancias químicas que regulan el crecimiento y que promueven la producción de nuevas raíces y mejoran el sistema inmunológico. Ningún árbol podría prosperar sin esta unión. Las cicutas occidentales dependen tanto de los hongos micorrízicos que sus raíces apenas perforan la superficie de la tierra, incluso aunque sus troncos se eleven hasta el cielo. Y la historia no hace más que seguir: en los últimos años, los investigadores han descubierto que algunos árboles individuales esparcen azúcares de forma selectiva a través de la red de micelios, asegurándose de que las plántulas del árbol madre sean prioridad; luego, en orden descendiente, proveen a las plántulas de la misma especie y finalmente a otros moradores botánicos del bosque. El árbol reconoce a los suyos, al igual que una madre puede detectar la presencia de su propio hijo.

Las plantas también pueden ver —o al menos así parece en un sentido de adaptación botánica. La *Boquila trifoliolata* es un género monotípico de plantas florales en la familia Lardizabalaceae, nativa de los bosques templados del centro y sur de Chile y Argentina. La enredadera produce un brote de hojas que imitan la silueta, tamaño y forma del follaje del árbol huésped. No obstante, si por casualidad los zarcillos se extienden para obtener el sostén de una segunda especie distinta, la misma vid de boquila individual producirá hojas que simularán la apariencia del segundo huésped. Para lograr tal prestidigitación, la enredadera debe poseer algún tipo de noción sobre la apariencia de sus vecinos, y la tiene: las células exteriores actúan como una lente rudimentaria que enfoca la morfología de ambas plantas huésped.

Todo esto es para decir que no hace falta invocar lo místico —o, en nuestra arrogancia, dotar a las plantas de atributos humanos— para apreciar su grandeza. Como expresa Summer Rayne en esta divertida e inspirada guía, con sólo plantar una semilla podemos asistir al desarrollo de todo el milagro de la vida botánica.

UNA NOTA ANTES DE COMENZAR

Este libro pretende ser una especie de guía de relaciones, un manual para incorporar las plantas y el conocimiento sobre las mismas a tu mundo, descubrir sus maravillosas funciones y permitir que esta relación especial añada nuevas dimensiones a tu vida. Aunque no es un tratado técnico, existen términos, como nombres de especies y sus partes, que pueden resultar desconocidos pero útiles a la hora de explorar las plantas y florecer con ellas. Cuando sea posible ahondaré en dichos términos, proporcionando definiciones o metáforas a fin de ayudarte a comprender estos conceptos quizás extraños.

Cuando mencione la especie de una planta por primera vez, me referiré a ella por su nombre botánico científico (en latín), que es una manera de agrupar, categorizar e identificar plantas con mayor facilidad. Esto, con el fin de reducir la confusión, ya que los nombres comunes o vernáculos para las plantas varían significativamente. Por ejemplo, la *Monstera deliciosa*, que posee hojas largas y fenestradas (algunos dirían "monstruosas"), así como deliciosas frutas comestibles (de ahí el epíteto "deliciosa"), tiene nombres comunes que incluyen "fruta de pan mexicana", "planta de queso suizo" y "planta de ensalada de frutas". Emplearé el nombre común de una planta siempre y cuando primero la presente por su nombre botánico o científico.

Pero incluso los botánicos cometen errores, o aprenden cosas nuevas sobre las plantas que les permiten categorizarlas mejor, como el hecho de que sus hojas, como en el caso de algunos filodendros, pueden cambiar de forma a medida que maduran —por lo que una especie considerada distinta podría ser la misma, aunque en otra etapa de vida. En ese tenor, utilizaré el nombre en latín más actualizado, según lo definido en revistas científicas revisadas por pares y The Plant List (www.theplantlist.org), una colaboración entre los Jardines Botánicos Reales, los Jardines de Kew y el Jardín Botánico de Missouri, la cual constituye una de las listas más recientes de todas las especies conocidas de plantas.

Los nombres científicos por lo general contienen un nombre de género y especie. Un género es un grupo taxonómico que consiste en una o más especies. Una especie identifica a un grupo de individuos que comparten características clave, pero que es distinto a otros miembros del género. Los nombres botánicos en latín por lo general se escriben en cursivas, el nombre del género se escribe con mayúscula inicial y la especie en minúsculas (por ejemplo, la *Peperomia fraseri*, el nombre científico de una planta comúnmente conocida como "peperomia floreciente"). Si se desconoce o no se especifica una especie en particular, esto se indica al escribir las letras "sp." después del género (*Peperomia* sp.).

Aparte de la jerga científica, también notarás que antes de adentrarnos en el "cómo", primero abordaremos el "por qué". Siempre he pensado que explorar a profundidad el porqué me permite entender a las plantas con las que decido rodearme, y que también, pienso, eligen estar a mi alrededor.

Finalmente, verás que el libro está entrelazado con historias personales —tanto mías como de una gran comunidad de personas que han incorporado plantas a su vida. Tengo la esperanza de que estas experiencias íntimas te ayuden a visualizar la alegría de cultivar, aprender y vivir rodeado de plantas. Hay mucho que aprender de ellas. Tal y como lo descubrirás, las plantas se comunican constantemente a su manera. Sólo nos queda aprender a escucharlas.

SUMMER RAYNE OAKES

INTRODUCCIÓN

Aún desconozco por qué las plantas brotan de la tierra, flotan en arroyos,
se arrastran sobre las rocas o salen del mar. Su misterio me fascina
y sus variedades y tipos me absorben. Son visibles en todas partes
y al mismo tiempo permanecen ocultas.

—Liberty Hyde Bailey

· · · · · · · · ·

*Las plantas me tranquilizan. En cuanto comencé a adquirir plantas
para decorar mi espacio, sentí que una luz se encendió dentro de mí
y me percaté de que había permanecido en la oscuridad durante
demasiado tiempo. No puedo decirte por qué, pero así es.*

—Tomas

Durante años he querido escribir un libro sobre plantas. Pasé gran parte de mi infancia al aire libre. En la primavera y el verano, corría a través del pasto Timothy (*Phleum pratense*), afectuosamente conocido como "pasto que te hace cosquillas en el trasero", y emergía con las piernas asoleadas y llenas de restos de espuma de ninfa y marcas rojas provocadas por el contacto con la abrasiva festuca (*Festuca arundinacea*), la cual contiene sílice y hierba de centeno (*Lolium perenne*). En los meses otoñales más fríos, me regocijaba en los brillantes tonos rojos y ocres con motas doradas de las hojas que transformaban el paisaje. En los meses invernales, cuando mis manos enguantadas recogían pedazos de nieve color alabastro, a menudo me deslumbraban los musgos color esmeralda que se acurrucaban cómoda e impávidamente bajo sus iglús en el lecho forestal.

Es difícil expresar cuán viva me siento cuando estoy al aire libre, entre todas las complejidades y misterios del mundo natural. He dedicado gran parte de mi vida profesional a reconectar a las personas con la naturaleza. Con el paso del tiempo, mi trayectoria profesional me condujo a la ciudad de Nueva York, donde tuve que abandonar mi mosquitero, mis botas y, en gran medida, el estilo de vida al que estaba acostumbrada. Hice este sacrificio a fin de explorar cómo podrían las poblaciones urbanas reconectarse con su entorno a través de los productos que consumen con regularidad, como ropa, cosméticos y comida; y las acciones que realizan a diario, como preparar y comer más alimentos de origen local (ahondaremos en eso más adelante). Dado que en ese momento me resultaba imposible salir por la puerta trasera de mi casa para adentrarme en la naturaleza, necesitaba una manera de traer la naturaleza a mí. Tuve que hacerme de un espacio verde en mi departamento y mi comunidad urbana, lo cual implicaba formar una relación completamente nueva con las plantas en un contexto totalmente distinto.

Entonces, empecé. Primero con una higuera hoja de violín (*Ficus lyrata*) en mi habitación hace más de diez años. Hoja por hoja, fronda por fronda, flor por flor, mi colección de compañeras verdes de interior creció. Descubrí plantas a un costado de la carretera, en macetas de ventanas olvidadas mucho tiempo atrás, en mercados de agricultores y tiendas de jardinería locales e incluso brotando con valentía a través del pavimento agrietado. Muchas encontraron un hogar conmigo. Las acomodé en resistentes macetas de terracota, hermosas maceteras, coladores de cocina (¡ideales para drenar!), canastas tejidas, tarros Mason y montones de latas de té recicladas. Hallé maneras y lugares económicos y originales para almacenarlas, colgarlas, arroparlas, anclarlas, asegurarlas y suspenderlas, obviando la cantidad y la angostura de los alféizares de mis ventanas y habilitando los muros, postes, pilares, vigas e incluso un enrejado que encontré en la calle. Poco tiempo después, contaba con más de 1,000 plantas y alrededor de 550 especies en mi hogar, bautizado acertadamente por uno de mis amigos como: "Los jardines colgantes de Brooklyn".

Al parecer, mis esfuerzos resonaron en mucha gente. Me sorprendió descubrir que mi frondoso departamento se hizo viral. En cuestión de meses, millones de personas reproducían videos o compartían historias sobre las plantas en mi casa. ¿Acaso buscaban la primicia del día? No lo creo. Aunque el encabezado "Mujer vive con cientos de plantas de interior en su casa" puede resultar atractivo, yo sospechaba que algo más se escondía detrás del interés de la gente. Tampoco creía que simplemente buscaran inspiración para decorar el interior de sus casas. He aprendido que las plantas nos ofrecen mucho más que una decoración atractiva. De hecho, muchas personas compartieron conmigo sus historias —algunas de las cuales encontrarás en este libro— sobre cómo la comunión con las plantas mejoró su vida de incontables maneras:

> Amo el aire limpio que se respira en mi sala de estar. Además, el color que agregan las plantas a mi hogar me llena de felicidad. Vivo en un departamento de sótano sin ventanas, por ello me emocionó ver que mis plantas prosperaban bajo la luz artificial de los focos. —Alamay

> A mi esposo y a mí nos encanta tener plantas. El aire se percibe más limpio, y verlas sobre el alféizar de la ventana al despertar es relajante. Cuidarlas y regarlas me hace sentir tranquila y llena de propósito, como si de alguna manera cultivara un éxito modesto. Cuando florecen o simplemente crecen, de alguna forma yo también siento que crezco. Y alimentarlas con fertilizante natural me recuerda que necesito nutrirme a mí misma. —Sarah A. @clandestine_thylacine

> He notado que estar en un espacio lleno de plantas posee una energía cargada del aroma del follaje, además de que el aire me refresca. Cuidar mis plantas aquieta mi mente. Bajo el ritmo mientras busco hojas que podar, y cuando las riego recuerdo que operan bajo su propio horario. Cuando estoy con mis plantas, la vida se percibe agradable y apacible. —Madeline T.

Siempre pensé que era incapaz de mantener una planta con vida. Cuando nació mi hijo, mi experiencia durante el parto fue particularmente traumática y desarrollé depresión posparto, la cual me condujo a un lugar muy oscuro. A sugerencia de una amiga que es terapeuta hortícola comencé a cultivar plantas. Aprender a cuidarlas, observarlas y verlas crecer me dio la seguridad para notar que mi hijo también crecía. —Liz

Cuando empiezo a ponerme ansiosa, necesito moverme para distraer mis pensamientos. Por lo general, me dedico a trasplantar mis plantas de interior y a desenredar sus raíces, asegurándome de que tengan suficiente espacio para crecer y respirar. También suelo sentarme con ellas y analizar su follaje único. A veces dibujo lo que observo. Me asoleo con ellas durante el día por unos cuantos minutos y entonces recuerdo que debo respirar con mayor profundidad. —Ivy

Lo que siempre resulta sorprendente de los mensajes que recibo de la gente de mi comunidad es cuán alejados parecemos estar del exterior y cuán gratificante resulta encontrar nuestro camino de regreso a la naturaleza y las plantas. Entonces, ¿por qué no todos lo hacemos?

Probablemente porque la tarea parece intimidante o imposible, pues involucra un cambio significativo en el estilo de vida. La jardinería, tal y como la conocemos hasta ahora, no se ha adecuado al éxodo de la sociedad del campo a los centros urbanos. La mayoría de nosotros carece de un pedazo de tierra fértil propia.

Sin embargo, mi experiencia de crecer inmersa en la naturaleza está al alcance de todos —incluyendo a quienes viven en minúsculos departamentos en ciudades, quienes no saben nada sobre plantas o piensan que están demasiado ocupados como para cuidarlas, quienes nunca se consideraron aficionados a la naturaleza o están convencidos de que no tienen "el toque" para las plantas. He encontrado atajos, soluciones temporales, modos y hábitos estratégicos que puedes utilizar para atraer a las plantas y sus cualidades vitales hacia ti sin importar dónde vivas y tu nivel de experiencia. Al hacerlo, no sólo aprenderás cómo incorporar plantas a tu vida y mantenerlas, sino que también descubrirás cómo participar en un emotivo diálogo entre humano y planta que podría ofrecerte lecciones invaluables sobre ti mismo y tu lugar en la Tierra.

Aunque éste es un libro sobre plantas, te sorprenderá escuchar que *Cómo despertar el amor de una planta* no es estrictamente un título de jardinería. Más bien es una especie de libro sobre relaciones. Las plantas, lo sepamos o no, son parte integral de nuestra vida desde que nacemos. En muchos casos, quizá ni siquiera nos percatamos de su presencia; o si lo hacemos, sólo las reconocemos como interesantes objetos de fondo o algo meramente decorativo. Sin embargo, aunque tal vez parezca una obviedad, las plantas son seres vivos que respiran y que, al reconocerlas e incorporarlas con mayor intención a nuestras vidas, pueden ser sumamente gratificantes. Aprender a vivir con plantas y desarrollar una relación con ellas son metas que cualquier persona motivada puede lograr. No obstante, tener una relación sólida, saludable y satisfactoria con otro ser humano no sólo implica seguir una serie de "recomendaciones de cuidado", lo mismo sucede con las plantas. Las relaciones sólidas, gratificantes y duraderas requieren una dosis saludable de observación, respeto, esfuerzo, comprensión y amor —temas que cubriremos en este libro.

Ten por seguro que también compartiré consejos sobre cómo cuidar mejor tus plantas, aunque convertirte en un experto en el cuidado de plantas es sólo uno de los beneficios que espero obtengas de este libro. Aprender a ser un buen guardián de plantas puede propiciar algo mucho mejor, ya que en el fondo éste es un libro sobre cómo desarrollar habilidades cotidianas y rituales significativos que impacten positivamente nuestra vida —y cómo generar relaciones todavía más saludables y sólidas con nosotros mismos, nuestra comunidad y nuestro hogar, aquí en la Tierra— a través de nuestra relación con las plantas. No sólo me refiero a las plantas que elegimos como acompañantes en nuestro hogar sino también a aquellas que podríamos ignorar en el mundo que nos rodea: las tenaces hierbas que sobreviven contra todo pronóstico en la grieta de una banqueta... las plantas en el jardín comunitario al final de la cuadra, cuidado amorosamente por voluntarios locales... los árboles de los grandes y enigmáticos bosques que residen en nuestra mente como un cuento de hadas, un recuerdo lejano almacenado en las profundidades de nuestro ADN —un recordatorio de que, en algún punto, todos emergimos del vientre terroso de la madre naturaleza.

A lo largo de este libro trazo la ruta de nuestra migración como sociedad lejos de la naturaleza, así como la renovada aceptación de las plantas en nuestra vida, aunque de nuevas y distintas maneras. Asimismo, también te reto a ampliar tu visión sobre las plantas y te animo un poco a ver la vida desde su perspectiva. Lo que descubrimos es que, a medida que conocemos un poco más sobre las plantas, contactamos más con nosotros mismos y a través de esa conciencia y observación, no sólo cuidamos mejor de las plantas sino también de nosotros mismos, la gente que nos rodea y nuestro planeta. Así que, adentrémonos en el mundo de las plantas y descubramos cómo cultivar nuestro propio espacio verde —en nuestro hogar, nuestra mente y nuestro corazón.

1

LA MIGRACIÓN MASIVA

No llegaste a este mundo; saliste de él, como una ola del mar. No eres
ningún extraño aquí.
—Alan Watts

. . . .

Las plantas son hermosas y únicas. Crecen como quieren, sin presionarse
por crecer como alguien más quiere que crezcan. Utilizo mis plantas para
ver la vida con mayor claridad. Para entender que puede ser sencilla.
—Sarah Solange

Resultaba absurdo pensar que algún día viviría en una ciudad. Todo ese concreto y vidrio apilado, los ruidos fuertes, el cielo sin estrellas. Apuesto a que las ranas que dispuse cuidadosamente en cubetas para llevar a casa cuando era niña tampoco habrían imaginado que algún día abandonaría el campo.

Caminé por el sendero del bosque con paso ligero y rápido. Leí en alguna parte o tal vez escuché de un amigo de la infancia que los nativos americanos que vivían y cazaban en Pennsylvania eran tan silenciosos que cuando corrían por el bosque, apenas podían ser detectados por cualquier animal o enemigo. Me maravillé ante esta idea y aspiré a ser igualmente silenciosa.

Resultaba más fácil viajar en silencio por la mañana, después de un fuerte rocío o de una lluvia. Entonces los sonidos del lecho forestal se atenuaban y con frecuencia era el momento en que el canto de las aves llegaba a su punto máximo. Pasé zumbando por las cicutas, inhalando su aroma a pino y limón. Los helechos húmedos me hacían cosquillas en las espinillas con su tacto plumoso. El lecho forestal centelleaba con esteras de musgo color esmeralda y las hojas cerosas y perennes de las enredaderas: la baya de perdiz (*Mitchella repens*) y la gaulteria (*Gaultheria procumbens*). De vez en cuando, algo llamaba mi atención, lo cual requería una mayor inspección: una flor que no había notado antes, un insecto bañado en el rocío matinal arrastrándose por el envés de una hoja o un hongo de gelatina color naranja brillante que supuraba de la herida de la rama caída de un árbol. Si quería continuar estudiándolos, entonces los recolectaba. Luego escalaba el muro de piedra que separaba el bosque de nuestro césped recién podado.

A menudo conservaba plantas entre las páginas de un libro, las colocaba en pequeños hábitats interiores parecidos a un diorama y me apropiaba de algunas secciones del refrigerador para mis experimentos científicos. Antes de cumplir cinco años, desaparecí con un regalo de cumpleaños para mi hermano que nunca utilizó, un hermoso microscopio elaborado en Alemania que venía equipado con cautivadoras diapositivas de vidrio que contenían finas rebanadas de piel de cebolla, células de una hoja de musgo y diatomeas, así como una caja con portaobjetos vacíos que podía llenar con mis propias muestras. Le saqué todo el provecho posible a lo largo de una década durante mi infancia. Incluso ahora desearía tener un microscopio de buena calidad, ya que ofrece una oportunidad única de acercarse a la naturaleza —en sentido literal y figurado.

Aprendí a amar el bosque y todo lo que se hallaba en su interior. Tanto así que mis padres a menudo batallaban para hacerme volver a casa. Durante mi adolescencia, disfrutaba pasar casi todos los días del verano en el bosque y rara vez veía a mis amigos de la escuela. Pero nunca me sentí sola.

Además de aprender a amar la cualidad salvaje de la naturaleza, crecí observando la hermosa comunión que ocurre cuando los humanos y las plantas colaboran. Fuera del bosque, mi madre se enorgullecía del mantenimiento de sus inmaculados jardines florales. Las forsitias (*Forsythia × intermedia*) color amarillo brillante, que resplandecían como rayos solares en primavera, bordeaban nuestro terreno; las alceas (*Alcea* sp.) biflorales en tonos blancos, rosas y borgoñas aparecían erguidas como la guardia real de una reina y emergían de los suelos más rocosos; los tulipanes (*Tulipa* sp.) ataviados alegremente y las azucenas (*Hemerocallis* sp.) —portando los colores del atardecer africano— abundaban; el aroma almizclado de las flores de cempasúchil (*Tagetes* sp.) y zanahoria silvestre (*Daucus carota*) era notorio al agacharse para deshierbar; y el olor de los jacintos, las lilas y las peonias suaves como una almohada (*Hyacinthus* sp., *Syringa* sp., *Paeonia* sp.) y del tamaño de coles moradas llenaba el aire y se adhería al fondo de la garganta con los perfumes más embriagadores.

El jardín y el huerto, cuidados tanto por mi madre como por mi padre, eran igualmente impresionantes. Con poco más de dos mil metros cuadrados, este terreno poseía suficientes maravillas para complacer los sentidos, como la profunda acidez de los tallos de ruibarbo (*Rheum rhabarbarum*) y las brillantes grosellas rojas (*Ribes rubrum*) que mi madre utilizaba para preparar tartas y crepas. Cómo olvidar mi sabor preferido —la grosella (*Ribes hirtellum*), cuya piel rojiza y sabor a pectina se asemeja a una uva dulce pero agria. Fue en este espacio cultivado que aprendí a ser paciente, respetar y confiar en el reloj interno de otros seres vivos. Las plantas se desarrollan cuando se les proporcionan las condiciones adecuadas para alcanzar su potencial a su propio tiempo. Al inicio de la temporada, transportábamos estiércol de vaca compostado de la granja de mi tía, ubicada a un costado de casa, y lo esparcíamos generosamente por el terreno hasta que prácticamente nos cubría las espinillas. Las fresas, calabacitas, pepinos, espárragos, lechuga, melones, chícharos, frijoles y jitomates amaban este fertilizante natural y siempre obteníamos muchas más frutas y verduras de las que podíamos comer los cuatro integrantes de la familia. Siempre resultaba divertido esperar a que la próxima cosecha estacional rindiera frutos o preguntarse si habría más frambuesas que en la temporada anterior. Anticipar su recompensa parecía aumentar mi curiosidad por las plantas que cosechábamos.

Quizás esta dulce anticipación es la razón por la cual aún me alimento de manera estacional lo más posible, algo que implica hacer una peregrinación al mercado local todos los sábados para comprar frutas y verduras frescas para las comidas de la semana (y para desechar los restos de comida compostada, producto de las compras de la semana previa). De cierta manera, la intencionalidad de este ritual me conecta con un eje de tiempo más amplio y menos apresurado que el horario de veinticuatro horas al que todos estamos sujetos.

En mi departamento tapizado de plantas me encanta preparar la comida entre el abundante follaje, pues me da la sensación de "acampar" al interior. Incluso en los meses invernales en el frío noreste, cuando todo al exterior parece gris y austero, la mayoría de mis plantas de interior aún exhiben mucha energía y vida —incluso ostentan alguna que otra flor clandestina, lo cual siempre es un regalo. El invierno pasado, mi *Kleinia fulgens*, también conocida como senecio coral o kleinia escarlata, me sorprendió gratamente con copiosos pompones color carmín, un contraste deslumbrantemente hermoso contra sus hojas de tenues tonos grises y verdes, y las ventanas congeladas detrás de ella. Una vez que empiezas tu travesía con las plantas, te das cuenta de que esta afirmación entre botón y flor te ayuda a saborear la relación de largo plazo que estableces con tu planta, sobre todo después de meses de darle una dosis diaria de cuidado, amor y atención.

Hablando de cuidado, amor y atención, mis padres pasaban mucho tiempo en el jardín; limpiando las malas hierbas, recolectando las calabacitas o cortando los espárragos o el ajo, dos plantas que parecían extenderse de forma espontánea una vez establecidas. Al ver a mis padres me daba la impresión de que había muchas cosas por hacer, pero no era un trabajo oneroso. En todo caso, pasar tiempo en el jardín y comer los frutos de nuestra labor durante la cena era lo más natural. De hecho, todo el proceso parecía ser de lo más placentero. Ensuciarse las manos de tierra era una forma de vida y había mucho que saborear en esos rituales sin adornos.

Me interesaba el cultivo de flores y verduras, pero me atraían más las plantas silvestres que se encontraban esparcidas por el césped y el bosque —e incluso como migrantes indeseadas en el jardín. Ellas parecían ser las intrusas: desenfrenadas y descuidadas, prolíficas y poco pretenciosas. Cada una era tan diferente de la otra y, sin embargo, todas parecían cohabitar inesperadamente bien. En retrospectiva, éstas son las plantas que me gustan incluso cuando las llevo al interior de mi casa —silvestres, desenfrenadas, un poco desaliñadas y colaborativas. Me han enseñado mucho sobre cómo aquellas personas que en un principio parecen escandalosas, molestas y caprichosas pueden ser apreciadas por su vitalidad, vigor y persistencia si se entiende su naturaleza, se las trata con amabilidad y se les imponen límites amorosos.

También aprendí, luego de estudiar las anchas y amarillentas páginas del ejemplar de 1974 que mi madre tenía del *The Rodale Herb Book*, que prácticamente todas las plantas a mi alrededor podían utilizarse para curar, calmar y nutrir. Plantas como el tusilago (*Tussilago farfara*), la verdolaga (*Portulaca oleracea*) y la jabonera (*Saponaria officinalis*) ya no sólo eran hierbas que arrancar, sino plantas que estudiar. Jugaba a ser farmacéutica, cocinera y química; hervía hojas de tusilago, comía verdolagas y trituraba las hojas de la jabonera para liberar las saponinas burbujeantes de las cuales toma su nombre. Incluso antes de que existiera equipo de laboratorio de lujo para aislar alcaloides y esencias de plantas, alguien lo notó; alguien observó y experimentó con plantas para revelar sus propiedades únicas. Los secretos de la sanación y otros poderes potenciales de la naturaleza están al alcance de nuestras manos. Sólo tenemos que estar dispuestos a buscarlos.

Fue difícil dejar atrás esos hermosos bosques, campos, huertos y jardines. Me mudé a la ciudad de Nueva York para trabajar. Es el lugar donde me imaginaba experimentando con la vida y alcanzando mi "máximo potencial" —al menos desde el punto de vista profesional. Además, el trabajo que he realizado aquí hubiera sido más difícil de lograr viviendo en el campo de mi infancia. Pasé alrededor de quince años en el mundo de la moda, produje películas e incursioné en la escena de las *startups* con mis propios negocios. Al trabajar con otros creativos y emprendedores, viviendo una vida acelerada en la ciudad, descubrí que alcanzar tu "máximo potencial" a menudo conlleva sacrificios.

Cuando era niña, en la década de los noventa, recuerdo haber escuchado un reporte en la radio que decía que dentro de poco tiempo las personas que vivían en ciudades superarían en número a aquellas que residían en áreas rurales y suburbanas. En efecto, hace unos diez años esa predicción de migración masiva se hizo realidad: en Estados Unidos casi 81 por ciento de la población ahora vive en zonas urbanas, incluyéndome.[1] Y de la población general, 66 por ciento de nosotros, los *millennials* —o gente nacida entre 1980 y 2000, de acuerdo con muchos psicólogos, se ha mudado a las ciudades y áreas metropolitanas periféricas como insectos que revolotean alrededor de faroles de la calle al anochecer.[2] Como resultado, por primera vez desde la década de 1920, el crecimiento en las ciudades estadunidenses supera el crecimiento de las zonas rurales. En la actualidad, 55 por ciento de la población mundial considera los centros urbanos su hogar,[3] una estadística que crecerá 13 puntos porcentuales para 2050. Esto significa que tanto las ciudades pequeñas como las de mayor tamaño se expanden con rapidez, al menos parcialmente, debido a que la gente de mi generación se ha mudado a ellas.

Un sinnúmero de estudios y opiniones ha circulado sobre las tendencias de los millennials. Vivimos de forma distinta a las generaciones previas. Solemos posponer el matrimonio porque queremos permanecer en la bienaventuranza de la soltería. También postergamos las hipotecas; no porque no queramos ser dueños de nuestro propio hogar, sino porque no podemos pagarlas, sobre todo si estudiamos la situación de los bienes raíces en nuestras amadas ciudades. Sin embargo, ninguna de estas tendencias explica el éxodo desde nuestras espaciosas e idílicas tierras natales.

Mis amigos citan algunas razones clave para su migración: más gente, más ideas, más innovación. En la ciudad puedes crear y reinventarte una y otra vez. Es un ecosistema antropocéntrico vivo. Las oportunidades, por lo general, se presentan por estar en el lugar indicado, conociendo gente y exponiéndote. Teóricamente, esto ocurre más en las ciudades porque, al igual que los electrones del sol, nos encontramos con mayor frecuencia. Y quieres tener más oportunidades de este tipo porque cuando entras en la edad "productiva" se vuelve un mandato "ganarte la vida" (en vez de sólo "vivirla"), necesitas claridad para decidir en qué lugar encontrarás empleo. Si tienes que hacer algunas concesiones en el camino, que así sea.

Con frecuencia digo que sería maravilloso tener un patio trasero otra vez. ¿O acaso me atrevería a soñar con un bosque en donde pasear? Me detuve en una tienda de plantas de mi localidad y compartí la noticia de que buscaba un terreno a las afueras de la ciudad. La joven cajera detrás del mostrador suspiró y dijo:

—Ése es el sueño de todos los que trabajan aquí.

Claro que me encontraba con personas que seguro amaban convivir con la naturaleza, y aunque sé que mucha gente no siente lo mismo, también sé que otra sí lo hace. Nunca pensé mudarme a la ciudad antes de entrar a la universidad, y una vez que lo hice, nunca preví que permanecería ahí durante tanto tiempo. Pero mi anhelo de espacio, de naturaleza y de esas bendiciones silenciosas que la acompañan tuvieron que ser relegadas por otros proyectos que consideré de mayor importancia que un huerto.

Los sacrificios no siempre terminan con una mudanza. La búsqueda de la satisfacción laboral y la satisfacción personal son metas que muchos perseguimos, vivamos en una ciudad o no. Muchos de mis compañeros han abandonado sus empleos porque el trabajo no era suficientemente satisfactorio o atractivo. Una encuesta de 2016 de Gallup lo confirma: 71 por ciento de los millennials se siente desconectado o desmotivado en el trabajo, lo cual nos convierte en la generación más desmotivada de Estados Unidos.[4] Esta falta de motivación se traduce en la búsqueda y cambio frecuente de trabajo. Los millennials cambian de trabajo mucho más que las generaciones previas y un reporte muestra que son tres veces más propensos a renunciar a su trabajo que los empleados de otras generaciones. Pese a que otros reportes muestran que la diferencia no es tan dramática, la tendencia a largo plazo revela que en definitiva cambiamos de trabajo mucho más de lo que nuestros padres y abuelos lo hicieron a nuestra edad, aunado a las presiones de una menor seguridad laboral y jornadas más largas de trabajo.

Estas estadísticas podrían sugerir que los millennials dejan su trabajo con gran facilidad, pero en mi experiencia no es el caso. El "cambio de carrera" es uno de los principales temas de estudio en grupos de meditación y discusión con amigos. Casi todos mis amigos que cambiaron de trabajo —o dejaron su trabajo en busca de una nueva carrera— sienten inquietud, incertidumbre, estrés e incluso culpa.

A esto hay que agregar el hecho de que la mayoría de nosotros tiene una vida ajetreada; estamos tan ocupados que apenas nos damos permiso de tomar una pausa. Cuando lo hacemos, socializamos sobre la marcha y no necesariamente en persona. Hemos reemplazado nuestro tiempo de convivencia social con las redes sociales —más del 90 por ciento de nosotros las utiliza y algunas investigaciones muestran que pasamos horas al día revisando, comentando y dando "likes". Sí, las redes sociales pueden resultar útiles (mi consejo es involucrarte únicamente con grupos enfocados en cosas que te gustan —como las plantas— y dejar de revisar tu *feed*), pero también pueden causar depresión. En 2016, un estudio de gran escala en adultos jóvenes de entre diecinueve y treintaiún años reveló que los participantes que utilizaban múltiples redes sociales eran mucho más propensos a desarrollar un aumento en los síntomas de depresión y ansiedad.[5] Nunca antes en la historia de la humanidad habíamos sido capaces de ver y conocer tantas cosas. Eso es maravilloso cuando se trata de investigar sobre tu materia favorita, pero no a nivel emocional. Lo que es más, el "miedo a perderse de algo" o FOMO (*fear of missing out*) nos lleva a expandir el círculo de personas que nos ofrecen un vistazo a su vida, lo cual provoca que sintamos que la nuestra de alguna manera es inferior. Las imágenes curadas y poco realistas asociadas con las redes sociales pueden derivar en lo que mi amiga Nitika Chopra llama "síndrome de la comparación y desesperación".

Si sustituimos a nuestros amigos de carne y hueso por las redes sociales y alternamos entre múltiples plataformas —durante nuestro horario de trabajo o al pasar tiempo con nuestra familia—, ¿realmente es de sorprender que estemos más ansiosos que nunca? Nuevas investigaciones sugieren que mi generación pasa prácticamente dos meses al año con estrés. Además, alrededor del 67 por ciento de los millennials —un porcentaje muy superior al de las generaciones anteriores— reporta que el estrés económico no sólo interfiere con su capacidad de concentración y productividad en el trabajo, sino que además afecta su salud.[6]

En Estados Unidos, el estrés producto del estado de nuestras finanzas puede deberse, en parte, al hecho de que aunque somos una generación más educada, hoy en día los egresados de las universidades cargan con deudas de casi 37,000 dólares en préstamos estudiantiles. Una encuesta de Gallup en 2014 mostró que los egresados que poseen una deuda de más de 50,000 dólares tienen menos posibilidades de desarrollo que los estudiantes sin préstamos en cuatro de cinco áreas, incluyendo propósitos, bienestar financiero, comunitario y físico.[7] Por si esto fuera poco, 33 por ciento de los adultos jóvenes en Estados Unidos, sobre todo aquellos que rondan los veinte años de edad, vive con sus padres o abuelos en gran medida para "ahorrar" porque su trabajo es mal remunerado o aún está en busca de uno. Resulta difícil saber si estas deudas tienen consecuencias emocionales o si estos retos simplemente coexisten, pero a partir de reportes anecdóticos con pares y aquellos que están a punto de graduarse, el dolor —o más bien el estrés— es real.

Encontrar el equilibrio en medio del caos es esencial. Por fortuna, muchos hemos desarrollado estrategias saludables y sensatas para reducir el estrés y la ansiedad, desde meditación hasta rutinas de ejercicio. Aunque ejercitarse o meditar puede hacerse de forma individual, los entrenamientos y las sesiones de meditación en grupo se han vuelto cada vez más populares, lo cual nos permite empezar a crear una comunidad fuera del trabajo.

Todos éstos son avances positivos. Sin embargo, aunque somos expertos en conectarnos a través de nuestros dispositivos y redes, estamos desconectados del mundo natural, a pesar de que a nivel intuitivo sabemos que pasar tiempo de calidad al aire libre y estar en presencia de plantas brinda equilibrio, energía y tranquilidad. Existe evidencia de que estamos tratando de remediar esta situación. De acuerdo con la Encuesta Nacional de Jardinería 2016, 6 millones de personas comenzaron a realizar actividades de jardinería dentro y fuera de sus hogares ese año.[8] De esos individuos, 5 millones eran millennials. En mi caso, el hecho de que mi propia predilección por las plantas haya generado tanto interés entre diversos grupos me da la esperanza de que estamos tomando las medidas necesarias para traer más equilibrio a nuestras vidas al incrementar nuestra conexión con la naturaleza. Sin importar la edad que tengas o la etapa de vida en que te encuentres, este libro te ayudará a conseguir esa meta.

Te aseguro que no tendrás que renunciar a tu trabajo, empacar tus maletas y mudarte al bosque, aunque tampoco estoy en contra de ello, ¡sobre todo si ahí es donde se encuentra tu verdadera vocación! Existen múltiples maneras prácticas de conectarse con el mundo natural, así como de enriquecerse y conectarse con el momento presente. Dedicar una pequeña porción del día a reconocer y observar plantas, por ejemplo, es una manera simple pero poderosa de hacerse más centrado y consciente —una técnica que compartiré dentro de poco. Además, como aprendí a través de la intuición, el interés y la experiencia, incorporar plantas a mi vida me permitió vincularme con una ciudad que en un inicio no era un hogar para mí. Al cultivar mi propio espacio verde, convertí la ciudad de Nueva York en mi hogar. Mi deseo es que experimentes la belleza, la tranquilidad y la alegría que resultan de la cercanía con las plantas —ya sea una pequeña pero encantadora suculenta que te saluda con sus brazos regordetes desde el alféizar de la ventana de tu departamento; una pandilla heterogénea de hierbas de cocina que te provea hojas frescas de albahaca para realzar tus ensaladas, ramitas de romero para sazonar papas rostizadas y menta para tu té que alivia el estómago; o quizá, si estás preparado para hacerlo, crear tu propia versión del hogar selvático que amo.

No obstante, cultivar tu propio espacio verde implica mucho más que sólo comprar un puñado de plantas para adornar el alféizar de tu ventana, balcón o patio trasero (¡suertudo!). Para realmente forjar una relación con las plantas que formarán parte de tu vida, el primer paso es simplemente cambiar de mentalidad. En este libro te enseñaré cómo hacer que el mundo de las plantas —que hasta ahora ha pasado inadvertido, aunque esté frente a tus narices— se abra ante ti. Este pequeño cambio puede enriquecer tu vida a medida que descubres la discreta dignidad de las plantas y sus acciones, las cuales se enraízan, crecen, brotan, florecen y marchitan con valentía, en ocasiones bajo malas condiciones; que limpian y regeneran de forma silenciosa y eficiente el aire que respiramos y crecen a tu alrededor. Te mostraré cómo desarrollar habilidades que, si practicas, permanecerán contigo para siempre y te permitirán cosechar todos los frutos que las plantas ofrecen. Cuando combinas tu capacidad de entender las necesidades de las plantas con los fundamentos que te enseñaré, no sólo tendrás plantas hermosas que enriquecerán tu vida, sino también una educación y perspectiva que podrás llevar contigo adonde vayas.

En un momento oscuro de mi vida, mi relación de siete años había terminado, había abandonado mi trabajo y me encontraba totalmente sola. Mi mejor amiga me regaló mi primera suculenta para decorar mi departamento nuevo, minúsculo y vacío. La coloqué en la ventana de mi recámara. Poco a poco comencé a aumentar mi colección de plantas, aprendí más sobre ellas, sus necesidades específicas de luz solar, agua y tierra, y me esforcé por hacer que cada una de ellas creciera. Es probable que esa pequeña y primera planta se haya propagado unas cien veces, ofreciendo pequeños brotes de suculentas a muchas personas. Me resulta de lo más terapéutico pensar que la planta que me ayudó a sobrevivir ahora comparte mucho de sí misma con otros. Me ofrece una imagen muy clara de cómo el amor y la luz pueden esparcirse a lo largo del mundo. —Sarah C.

Referirse al cuidado de las plantas como un pasatiempo minimiza lo que en realidad ofrecen estos seres. Las plantas utilizan una constelación de poderes que despiertan el intelecto e incitan el alma. A nivel superficial, pueden resultar agradables a la vista, pero debajo de su quietud ocultan una enorme profundidad y contradicción. Esperan y añoran ser comprendidas. Buscan, como cualquier otro ser vivo, desarrollarse y no sólo existir. Esta tarea no es tan sencilla como parece. Las plantas evolucionan a la par de nuestras percepciones. Cuando trabajamos para infundir vida a las plantas, ellas a su vez nos llenan de vida a nosotros. —Chris Siriphand

EJERCICIO PARA COMENZAR A SEMBRAR: REFLEXIÓN

1. ¿Conviviste con plantas o realizaste alguna actividad de jardinería durante tu infancia? De ser así, ¿cuáles fueron algunas de tus experiencias más memorables? Si estas experiencias ocurrieron en una etapa más tardía de tu vida, reflexiona acerca de ellas. Si aún están por ocurrir, ¿qué ideas tienes para incentivar una mayor comunión con las plantas, la jardinería o la naturaleza?

2. ¿Hubo una persona o un grupo de personas en tu vida que influyeran o fomentaran tu interés por las plantas?, ¿de qué manera?

3. ¿Cómo crees que ha cambiado tu actitud respecto a las plantas a medida que has madurado?

2

NUESTRA NECESIDAD DE NATURALEZA

Nuestra tarea no es volver al estado de naturaleza que sugería Rousseau,
sino hallar al hombre natural otra vez.

—C. G. Jung

. . . .

Cuando estoy con mis plantas me olvido del trabajo, de la universidad
y de las responsabilidades. Por alguna razón, puedo ser yo mismo.
Además, mantener algo sano y con vida es un sentimiento increíble.
Me siento una persona positiva que puede ayudar y contribuir.
Creo en mí mismo cuando me encuentro en mi pequeño bosque.

—Tasneem Saad Alenezi

Nuestro avión aterrizó en Singapur durante la madrugada. Una neblina suave, producida bien por el smog de los incendios forestales en Indonesia o por una capa de nubes, flotaba en el aire. Tomé mi equipaje de mano y me froté los ojos para vislumbrar el exterior, pero la neblina era impenetrable. Salí del avión y me enfrenté a una explosión visual de follaje. Respiré profundo a medida que mis sentidos, luego de doce horas inhalando el aire reciclado de la atestada cabina del avión, absorbían los espaciosos pasillos, los techos de gran altura y un océano texturizado color verde en el aeropuerto de Changi.

Los pasillos del aeropuerto de Changi están cubiertos de papel tapiz con motivos botánicos, pero también están colmados de plantas vivas. Existen bolsillos de origami en las paredes que albergan plantas peludas como *Dracaena* sp., *Philodendron* sp., *Monstera* sp. y *Epipremnum* sp. El área de reclamo de equipaje posee una isla interior rebosante de *Phalaenopsis* sp., *Anthurium* sp. y *Neoregelia* sp., esta última una colorida bromelia. En las salas de espera resplandecen imponentes palmeras que, pese a su densidad, están bien podadas, además de las plantas *Cordyline* sp. fucsias y una variedad de plantas tropicales.

Aunque llegué al aeropuerto a las 7:00 a.m., salí tres horas después, porque la aerolínea perdió mi equipaje, pero también porque no tenía ninguna prisa de irme. Me agradaba la idea de almorzar temprano y sentarme bajo las palmeras en la sala de espera mientras aguardaba a que mi equipaje me encontrara. ¿De cuántos aeropuertos podemos decir esto?

Sin embargo, el reverdecimiento de Singapur va más allá del aeropuerto. Singapur se ha convertido en una meca para los amantes de las plantas de interior —una especie de Disneylandia de maravillas de horticultura, el sueño húmedo de quienes aman las plantas. Quien aún no esté convencido de que las plantas generan un efecto positivo en nuestra vida, sólo tiene que hablar con un singapurense, ya que "vivir con plantas" se ha integrado a la cultura cotidiana. Hasta mi compañero de cuarto de la universidad, Ray, que no mostraba ningún interés por las plantas, me envió un mensaje pidiéndome que le llevara "una exótica planta aérea de Estados Unidos", ya que se había obsesionado con la *Tillandsia* sp. y había acumulado una colección que ansiaba mostrarme. Incluso me recomendó los mejores lugares para comprar plantas.

Aunque Singapur —ubicado a 141.6 kilómetros al norte del ecuador con entre 70 y 80 por ciento de humedad relativa— puede resultar algo incómodo para los humanos, es un nirvana para las plantas tropicales, que parecen tomar el sol en los edificios con la mayor facilidad. Al caminar por las calles de Singapur, casi siempre te encuentras cerca de un agradable espacio verde.

Incluso al abandonar una de las estaciones de tren subterráneas de Singapur y salir a la calle en busca de mi hotel, lo único que tenía que hacer era mirar hacia arriba: el hotel Oasia Downtown, reconocido como el mejor rascacielos del mundo por el Consejo de Rascacielos y Hábitat Urbano en 2018, ostenta sesenta pisos de paredes verdes que envuelven su fachada de acero rojo de arriba abajo con un cautivador conjunto de plantas trepadoras como *Epipremnum* sp., *Thunbergia* sp., *Passiflora* sp. y *Bauhinia* sp. En el interior, las terrazas al aire libre ofrecen un espacio verde comunal, con imponentes *Ficus lyrata* y *Clusia rosea* que abarcan más de 40 por ciento del volumen del edificio. Ésa es una cantidad sorprendente de espacio abierto para un edificio donde los precios de los bienes raíces son exorbitantes pero hay una tendencia creciente (casi obsesiva) tanto por parte del gobierno como de la iniciativa privada de maximizar la calidad de vida de los ciudadanos y los visitantes. Resulta que las plantas son una forma de hacerlo.

Singapur no siempre fue así de verde. Visité la isla por primera vez en 2005, el mismo año en que los "Jardines de la Bahía" —un parque natural de más de 101 hectáreas con un diseño arquitectónico fuera de este mundo y cientos de miles de plantas— se conceptualizaban. Esta iniciativa, junto con los trescientos parques y las cuatro reservas naturales fue una de tantas que cambió la imagen de Singapur de una "Ciudad Jardín" a una "Ciudad dentro de un Jardín", lo cual la catapultó a la cima de las ciudades que ostentan follaje urbano.[1] De cierta manera, los Jardines de la Bahía encapsulan la visión general de la ciudad, con su domo floral y bosque nuboso, este último con sus colosales paredes verdes, una cascada de 35 metros y un pasadizo elevado repleto de turistas sorprendidos.

—Cuando vi las representaciones de los Jardines de la Bahía en tercera dimensión —dijo Chad Davis, subgerente de operaciones de conservación para los jardines—, parecía una escena salida de la película *Avatar*. Esto ayudó a poner a Singapur en el mapa... y ahora somos un modelo para el mundo. Creo que los Jardines de la Bahía muestran el interés y esfuerzo del gobierno por reverdecer la ciudad. Nos otorgaron financiamiento para comenzar a operar y cuando hablan de reverdecer Singapur, realmente lo dicen en serio.

Al momento de su independencia, Singapur, un país del tamaño de Nueva York y de la mitad del tamaño de Londres, contaba con alrededor de 1.9 millones de habitantes. Ahora, casi cincuenta años después, esa cifra se ha triplicado alcanzando los 5.7 millones, lo que lo convierte en el segundo Estado-nación con la mayor densidad poblacional en el mundo. Singapur, ubicado al final de la península malaya, se ha urbanizado considerablemente a fin de seguirle el paso al crecimiento de su población y su prosperidad económica. Sin sentirse constreñida por sus límites acuíferos al ser una isla, Singapur ha comenzado a llenar los pantanos naturales y estuarios para construir terrenos, un proceso ambiental controvertido conocido como "reclamación", dado que la ciudad está "reclamando" tierras de las garras acuíferas del mar. Desde su independencia, ha aumentado su superficie terrestre en un impactante 22 por ciento. Desafortunadamente, en el proceso tuvo que destruir buena parte de su entorno natural. El crecimiento de la población en Singapur se ha mantenido relativamente estable, pero se espera que continúe creciendo para alcanzar cerca de 6 millones este 2020. Uno pensaría que la respuesta del gobierno ante el aumento poblacional sería construir más edificios y no espacios verdes. Sin embargo, una iniciativa gubernamental de varias décadas ha insistido en reincorporar plantas —tanto nativas como foráneas— al paisaje, ya sea en estacionamientos o edificios o incluso como humedales flotantes en canales y reservas.

¿Qué fue lo que despertó ese interés repentino por la vegetación? ¿Y cuáles son los beneficios específicos de estar cerca de la naturaleza? Resulta que Singapur, al igual que muchas zonas urbanas, es más propenso al efecto de "isla de calor", un fenómeno que sucede cuando las actividades humanas y las estructuras construidas por el hombre reemplazan la vegetación que anteriormente proveía enfriamiento por evaporación. Durante ciertas horas del día, la temperatura en las zonas urbanizadas puede elevarse hasta 7 grados Celsius más que en las áreas rurales, lo cual resulta en un mayor consumo de energía (y, por ende, contaminación) en interiores y genera una sensación de incomodidad que afecta el bienestar a nivel general.[2] Hablé con Conrad Heinz Philipp, investigador y coordinador del programa Cooling Singapore, un consorcio de universidades, científicos investigadores y agencias financiadas por el gobierno para combatir este asunto y desarrollar la mejor estrategia de largo plazo para enfrentar el problema de calor en el país. Como parte de su trabajo, el consorcio recopiló más de ochenta estrategias de mitigación para incrementar la comodidad humana en climas tropicales y comenzó a realizar investigaciones de campo con residentes y transeúntes en el distrito residencial de Punggol.

—La gente realmente prefiere aprovechar la vegetación y los lugares con sombra en vez de tener estrategias de enfriamiento artificial, como las estaciones de autobús con aire acondicionado —me comentó Conrad Heinz durante una videollamada por Skype.

Cuando se le pidió a la gente que calificara estrategias de mitigación en orden de preferencia, los "paisajes urbanos verdes" y las "fachadas verdes" se ubicaron en el primer y segundo lugar, haciendo de la vegetación la opción preferida por los entrevistados.

Aunque se debe realizar un análisis de costos más profundo sobre el cultivo y mantenimiento de paisajes urbanos verdes y fachadas, el gobierno de Singapur no pospuso el reverdecimiento de la isla, al parecer haciendo caso al proverbio: "El mejor momento para plantar un árbol fue hace veinte años. El segundo mejor momento es ahora." Este enfoque proactivo ha valido la pena. A través de sus esfuerzos de reverdecimiento, Singapur ha sido capaz de mostrar una gran cantidad de beneficios, entre los cuales se encuentra el hecho de que las áreas verdes no sólo pueden reducir el calor de forma significativa en la ciudad en hasta 4.5 grados Celsius, sino también, en el caso de las plantas ubicadas en las fachadas de los edificios, mejorar el nivel de comodidad de la gente tanto en interiores como en exteriores —y quizá lo que es todavía más importante, pueden deleitar, atraer y alegrarles la vida a los habitantes de la ciudad.[3]

Singapur ejemplifica algunos de los muchos beneficios que pueden encontrarse a nivel macro cuando una ciudad decide atender sus necesidades verdes. Pero mientras esperamos a que la mayoría de las ciudades reciba el comunicado, los individuos están descubriendo que pueden crear sus propios ambientes tranquilizadores al acompañarlos con plantas.

Uno de los viveros que visité en Singapur fue Terrascapes. Cuando llegué, me sorprendió el graznido de un grupo de coloridas y peculiares cacatúas, loros conure y caiques que convivían en el vivero. Ahí conocí a Bridgette, quien había empezado a trabajar con Sandy, el dueño de Terrascapes, dos años antes. Cuando visitó el vivero por primera vez, iba en busca de suculentas resistentes que no se le murieran y, mientras hablaba con Sandy sobre el cuidado de las plantas, vio una oportunidad para ayudarse entre sí. Las plantas eran su especialidad, pero creció en una granja de codornices donde sus padres cosechaban su propia comida.

—Cuando era niña, rara vez íbamos al mercado a comprar verduras. Simplemente comíamos lo que podíamos cosechar —me comentó—. Era una parte de mi vida a la cual realmente nunca le presté atención.

Eso fue hasta que decidió abandonar su trabajo de alto perfil como optometrista, así como sus negocios secundarios, que incluían administrar un café y una organización benéfica. Hace unos ocho años, Bridgette comenzó a desarrollar síntomas de una enfermedad autoinmune, la cual probablemente derivó de una combinación de estrés constante y estar enferma sin recibir el tratamiento adecuado.

—Siempre estaba corriendo de un lado al otro —admitió—. No podía dormir y luego comencé a experimentar dolor crónico y depresión.

Se le ocurrió que quizá sólo necesitaba un respiro y un poco de tiempo libre. Sin embargo, después de tomarse tres meses de descanso, no había mejorado.

—El dolor persistía. Cuando fui a hacerme análisis de sangre, el doctor me dijo que todo mi cuerpo estaba inflamado.

Bridgette comenzó a alejarse poco a poco del alto nivel de estrés de su vida profesional. Empezó a pasar más tiempo con sus padres y se dio cuenta de la gran habilidad que tenía su madre con las plantas. Eso la motivó a plantar suculentas por su cuenta y así dio con Terrascapes. El vivero de Sandy le pareció atractivo porque, a diferencia de otros viveros de la zona, que compran plantas fuera del país para revenderlas, Sandy tiende a cultivar muchas de sus plantas a partir de semillas o esquejes. Lo que comenzó como una visita a una tienda de plantas para comprar uno o dos ejemplares para su hogar se convirtió en una oportunidad para aliviar su condición y ayudar a Sandy en el proceso. Preguntó si existía la posibilidad de colaborar en el invernadero y él estuvo más que feliz de sumarla al equipo.

—Reproducir plantas y verlas crecer es sumamente satisfactorio —compartió Bridgette—. Me hace querer regresar y contribuir más. Además, me gusta ensuciarme las manos. Me siento tan bien al hacerlo. Nunca he sido capaz de meditar, pero ensuciarme las manos, desmalezar plantas de cierta forma resulta meditativo. Puedo hacerlo durante horas y horas.

De cierta manera, las plantas le permitieron a Bridgette ser productiva otra vez.

Al igual que Bridgette, James Ipy, nacido en Mauritania, también utiliza las plantas con fines terapéuticos. Durante su adolescencia temprana, un vecino le obsequió un *Adiantum capillus-veneris*, un helecho de doncella con delgadas hojuelas en forma de pata y tallos delicados y fibrosos color negro. Este simple gesto ayudó a avivar su amor por las plantas. Más tarde se mudó a Singapur por cuestiones de trabajo y ahora ostenta uno de los mejores jardines de balcón.

—Me decidí por este lugar en específico por su balcón para poder cultivar plantas —me confesó cuando visité su casa para deleitarme con sus hermosos helechos y huperzias, estas últimas colgadas como suaves borlas de color verde de un alambre improvisado y dispuesto como un tendedero de ropa en el techo del balcón para crear más espacio para las plantas—. Trabajo en la industria de tecnologías de la información —continuó—, y no sé qué haría sin mis plantas. Son terapéuticas para mí. No importa si tuve un mal día en el trabajo: en cuanto llego a casa por la noche, abro la puerta y veo mi jardín y todos mis problemas desaparecen. Saber que mis plantas dependen de mí y que crecen bajo mi cuidado me resulta reconfortante y terapéutico. Cuidarlas literalmente me mantiene cuerdo.

Recurrir a las plantas en un contexto urbano para tranquilizar y serenarse parece ser una respuesta saludable. Sin embargo, algunas zonas de rápida urbanización sin acceso a las plantas, como otras ciudades a lo largo de Asia, comienzan a reportar casos de niños con "biofobia", un fenómeno en el que las personas que no están expuestas a la naturaleza se muestran renuentes, temerosas o ansiosas cuando se encuentran al aire libre. En algunos casos, la gente "biofóbica" es reacia a tocar la tierra con las manos. La respuesta de Singapur es admirable: hoy, cerca de un tercio de los 721.3 kilómetros cuadrados del país está cubierto por follaje, con unos 3 millones de árboles en paisajes urbanos, parques y zonas residenciales, así como en azoteas y balcones.[4] Actualmente, 300 kilómetros de senderos verdes y corredores conectan los parques y más de 80 por ciento de la gente vive a diez minutos de distancia de un espacio verde.

En contraste, la ciudad de Nueva York, donde resido, es mucho menos verde. Claro que esto tiene que ver, en parte, con su latitud: durante el invierno, prácticamente la única planta capaz de crecer en las paredes de la metrópolis es la hiedra. Sin embargo, pese a la desventaja estacional, durante los últimos diez años —al menos en mi vecindario y sus alrededores— ha habido una proliferación lenta pero constante de parques, techos verdes y jardines secretos. El jardín de mi comunidad es un maravilloso escondite para escaparse de la ciudad —un sitio ideal para relajarse.

Al igual que con Singapur, hay un buen motivo por el que hoy existen más espacios verdes en Nueva York que cuando me mudé hace casi catorce años —y no se debe a que los parques sean bonitos o aumenten el valor de una propiedad. Diversos estudios han mostrado que estas islas verdes en el contexto de la ciudad, ya sean parques finamente podados, bosques urbanos o incluso callejones transformados en jardines comunitarios, son excelentes para la salud mental de los residentes. Un estudio reveló que estas áreas evitan que los habitantes locales se sientan inútiles o deprimidos.[5] Los espacios verdes también ofrecen la oportunidad de atisbar un poco de vida silvestre.

Aunque no puedas caminar en un parque todos los días, una exposición mínima a la naturaleza puede ayudar —un sinnúmero de reportes de investigación, en su mayoría realizados con pacientes de hospital, mostraron que una habitación con vista a un entorno natural o plantas de interior ayudaba a reducir sentimientos de nerviosismo, ansiedad o tensión en los participantes del estudio.[6] Se descubrió que las personas con una vista a los árboles en vez de edificios tomaban menos medicamentos para controlar el dolor y se recuperaban más rápido tras una cirugía.[7] Además, un estudio de menor escala mostró que trasplantar una planta de interior reduce el estrés psicológico y fisiológico. Este efecto calmante se logra mediante la supresión de la actividad del sistema nervioso simpático* y la presión arterial.[8]

Entender que la cercanía con una planta puede resultar sanador ha derivado en la creación de profesiones como la terapia hortícola, una disciplina en la que se diseñan programas terapéuticos y de rehabilitación para la gente a través de las plantas, tales como actividades de jardinería e interacción con la naturaleza.

Matthew J. Wichrowski, maestro en trabajo social, terapeuta hortícola registrado, profesor asistente clínico y editor en jefe del *Journal of Therapeutic Horticulture* (Revista de Horticultura Terapéutica), comenzó a trabajar en el campo de la terapia hortícola en 1991. Tras graduarse de la universidad, tuvo la oportunidad de renovar un viejo invernadero y más tarde ayudar a desarrollar un programa de trabajo con adultos autistas dentro de las instalaciones.

—Cuando observé que muchos de los residentes se sentían bastante más tranquilos dentro del invernadero, comencé a investigar un poco y descubrí que existía una comunidad de personas que trabajaba con la naturaleza —me compartió.

Con el tiempo, esto lo llevó a trabajar en el Jardín de Cristal Enid A. Haupt en el Instituto Langone Rusk de Medicina de Rehabilitación de la

---

* El sistema nervioso simpático controla la respuesta del cuerpo ante lo que se percibe como una posible amenaza, a menudo conocida como "respuesta de pelea o huida".

Universidad de Nueva York (NYU), donde ha permanecido durante los últimos veinticinco años.

El Jardín de Cristal, un invernadero de 158 metros cuadrados, fue diseñado originalmente como un lugar de retiro del centro de tratamiento, pero en la década de 1970 se utilizó para llevar la terapia hortícola al contexto médico. Por desgracia, tanto el jardín como el hospital se vieron muy afectados por el huracán Sandy en 2012, y desde entonces Matthew ha tenido que improvisar —ahora lleva un carrito con plantas y follaje a los pacientes a su propio cuarto.

—Muchos de mis pacientes se llevan la planta (que ellos eligen) a casa en cuanto salen del hospital —me dijo—. Es importante que se sientan empoderados y que sepan cómo cuidarlas... Para algunos, puede aumentar la confianza en sí mismos.

Los estudios sobre la terapia hortícola se han vuelto cada vez más comunes a medida que el área se desarrolla. Uno de esos estudios documentó los efectos de la terapia hortícola en pacientes sometidos a rehabilitación cardiopulmonar. Se reveló que los pacientes que participaban en programas de horticultura experimentaban mejores estados de ánimo y menor estrés en comparación con el grupo de control.[9] Otra practicante de la terapia hortícola me escribió para compartirme sus experiencias personales con algunos clientes:

> Trabajo principalmente con adultos mayores en casas de retiro y comunidades de cuidado de la memoria, junto con otros grupos como refugiados e individuos que rara vez abandonan su cama de hospital. Utilizo las plantas y las actividades de jardinería para mejorar su calidad de vida y bienestar general. Es asombroso presenciar a diario las diversas formas en que la naturaleza y las plantas ofrecen un respiro y sanación a los individuos. En una ocasión trabajé con un cliente que vivía con demencia, que también tenía problemas de movilidad y rara vez hablaba durante

nuestras sesiones —hasta ese momento, sólo lo había escuchado cantar una vez, pero nunca hablar. Un día, mientras hacía labores de jardinería con el grupo al aire libre en un arriate elevado, el hombre se paró de su silla de ruedas (con ayuda), tomó un rastrillo de jardinería y comenzó a rastrillar y a labrar la tierra con sus propias manos. Mientras plantaba, comenzó a cantar. Luego habló, compartiendo historias sobre su crianza en la granja de su padre y sobre cómo nombraban las cosechas que cultivaban.

Durante una lección sobre los árboles y sus anillos, una paciente que es refugiada habló sobre lo que implicó ser desplazada de su país de origen y el trauma que experimentó, comparando sus vivencias con la historia del árbol cuyos anillos analizábamos en ese momento: algunos años el árbol creció mucho —tal y como ella lo hizo en momentos positivos de su infancia—, mientras que otros años el árbol soportó grandes retos, como sequías, incendios o problemas de plagas, y creció poco —como le sucedió a ella durante algunas de sus experiencias en la guerra. —Susan Morgan

Matthew señaló que la terapia hortícola se utiliza cada vez más para tratar el estrés, además de padecimientos especiales como el autismo o la demencia. Luego de ofrecer una serie de conferencias en la región nórdica, compartió que existe un índice alto del síndrome de desgaste profesional o *burnout* en aquellas sociedades:

—La terapia hortícola se utiliza para ayudar a las personas a regresar al trabajo y convertirse en miembros productivos de la sociedad una vez más. Es maravillosa en todos los aspectos para promover un estilo de vida saludable y de prevención.

Recibo muchos mensajes de gente que ha descubierto el poder de las plantas para aliviar el estrés:

Soy una persona ansiosa y cuando estoy a solas con mis pensa-mientos suelo sentirme abrumada y deprimida. En el pasado con-templé ir a terapia, pero siempre me dio miedo. Curiosamente, a medida que empecé a interesarme por las plantas, encontré que me sentía menos ansiosa porque mi mente se enfocaba en cuidar-las. Por ejemplo, comenzaba a angustiarme al pensar que mi tra-bajo o mis logros no eran suficientes y nunca lo serían. Pensaba diariamente en esta situación y a menudo lloraba por eso. Esto hacía que mi pareja y mi familia se preocuparan por mí. No estoy segura de cómo sucedió, pero entre más plantas tenía a mi alrede-dor, mejor me sentía. Era como si me quitara una carga de encima. Creo que esa sensación de logro comenzó cuando me di cuenta de cuánto crecían las plantas bajo mi cuidado." —Nina

Soy desarrolladora de software. Mi trabajo implica largas jorna-das laborales y a menudo llego tarde a casa. Hace tres años, co-mencé a cultivar plantas para lidiar con el estrés y la muerte de mi perro, luego se convirtió en mi pasatiempo. Hoy, en redes so-ciales, soy parte de grupos relacionados con el cultivo de plantas y he entablado amistades a través de ellas. Cultivar plantas me ha ayudado a olvidar mis preocupaciones y me ha dado la oportuni-dad de salvar a la madre Tierra." —Maricar

Trabajo en la industria tecnológica y de compras minoristas. Es un ambiente acelerado, sobrecargado de estímulos sensoriales que me afectan mental, emocional y físicamente. Cuidar plantas me resulta de lo más relajante y tranquilizador. Las riego, desem-polvo sus hojas, reviso que no tengan ningún insecto. Es gratifi-cante ver cómo me ofrecen retroalimentación al instante, ya sea al crecer más o al mostrarme nuevos y hermosos botones; ade-más, resulta interesante verlas desarrollarse. Cuidarlas me da una

sensación de triunfo y felicidad. En ocasiones simplemente contemplo mi rincón verde —me ayuda a relajar los ojos y la mente.
—@Plant_Jemima

Esta idea de utilizar plantas como apoyo visual para curar y calmar a las
personas ha existido durante milenios, aunque tal vez nos resulte novedosa o muy "new age" hoy en día —o quizá simplemente la hemos pasado
por alto o la hemos dado por hecho. En Egipto, los reyes destinaban extensas porciones de tierra a la construcción de templos eclesiásticos arbola-
dos para que la gente los disfrutara, y donde los alumnos podían estudiar
las maravillas medicinales y ocultas que ofrecían las plantas.[10] En la Europa medieval, los monasterios creaban elaborados jardines para aliviar a los
enfermos. Y en el siglo XVII no era extraño ver jardines y plantas en hospi-
tales europeos y estadunidenses por la misma razón.[11]

Ahora, los doctores en toda Asia recetan a sus pacientes urbanos con
trastornos de ansiedad un "baño de bosque", conocido en Japón como *shinrin-yoku*. Este término fue acuñado por la Secretaría de Agricultura, Silvi-
cultura y Pesca de Japón en 1982 y puede definirse como entrar en contacto
y absorber la atmósfera del bosque. Los doctores que prescriben este tratamiento sugieren dar un paseo breve por el bosque durante algunos días.
No sé a ti, pero a mí los doctores nunca me recetaron "salir más" —¡incluso cuando tenía deficiencia de vitamina D! Los efectos de un baño de bosque en la salud son innegables. Las personas evaluadas antes y después de
tomar un *shinrin-yoku* presentaban niveles más bajos de cortisol (la hor-
mona del estrés), menos pulsaciones cardiacas, menor presión arterial,
menor actividad nerviosa simpática, la cual activa la respuesta de "pelea
o huida" en los seres humanos, aumento en la función y respuesta inmu-
nológica e incluso más sentimientos positivos que en el entorno urbano.[12]

Pero ¿qué pasa si no existe un bosque cerca de tu hogar? Una forma de
restaurar esa conexión, si vives en la ciudad, es incorporar plantas de interior. Las plantas que tengo en casa estimulan mi curiosidad innata por otras

formas de vida al crear un ambiente tranquilizador en la ciudad, brindarme un ritual de disfrute y conectarme con lo que me hace sentir plena. De cierta manera, me mantienen conectada con lo que más amo y lo que me hace sentir cómoda a la vez que me invitan a salir de casa y apreciar la Tierra.

CÓMO ALGUIEN CON HABILIDAD PARA LAS PLANTAS PUEDE CAMBIAR UNA COMUNIDAD

En el libro *Darkness and Daylight; or Lights and Shadows of New York Life*, publicado en 1892, el autor documenta con elocuencia los poderosos efectos que resultan del simple aunque visionario acto de crear un humilde jardín en Corlears Hook, una zona en el río Este de Nueva York, justo frente a donde vivo ahora. La zona, descrita como "un territorio desconocido por todos excepto la policía y las pandillas de ladrones, asesinos y prostitutas que infestaron... el paupérrimo lugar", se convirtió en el hogar de los niños de los alrededores. La reconstrucción parcial de la zona, de acuerdo con los autores, comenzó con las plantas. Durante un paseo por los barrios bajos, el fundador de la Sociedad de Ayuda Infantil encontró un edificio al aire libre que recibía luz solar en todas sus caras, para el cual contrató a un superintendente que curiosamente era amante de las plantas y experto en su cuidado. El autor describe vívidamente lo que sucedió a continuación:

El patio trasero —un simple pedazo de tierra apenas más grande que un clóset de buen tamaño— fue el primer lugar en ceder a su toque mágico.[13] Aquí plantó arbustos, flores y vides alrededor de una banca ubicada en la sombra, donde quienes descansaban sobre ella por un momento sentían que se encontraban en el campo. El olor a alcantarilla

y agua de sentina era característico en esta región y lo combatió con jacintos, heliotropos y violetas. En el salón de clases que se encontraba en
el piso de arriba y en la casa de alojamiento, que era parte de la misión
de este edificio, había plantas y flores por todas partes, las cuales calma-
ban de forma inconsciente a los pequeños y rudos sujetos que entraban
y rogaban por una sola flor con un ansia que era imposible negárselas.

Las ventanas estaban invadidas de plantas. En todas partes había
botones y flores, hojas verdes y vides trepadoras. El pequeño jardín
estaba repleto de ellas y el superintendente procedió a construir un
invernadero donde, aunque nunca había aprendido el arte de la flori-
cultura, tuvo gran éxito. Muy pronto surgió una novedosa recompensa
para los jóvenes vagabundos de la calle Rivington —y toda la región—,
quienes llegaban en masa encantados con lo que crecía allí.

La pasión de un hombre por las plantas transformó toda una comunidad. La gente venía de kilómetros a la redonda para ver las
flores. Animaban a los niños a llevarse plantas a casa para dejarlas
crecer en los alféizares de sus ventanas en contenedores como latas de estaño o cajas de madera, hasta que finalmente cientos de
personas tuvieron plantas en sus ventanas. El entusiasmo rampan-
te por las plantas dio origen a la primera "Misión Floral de Nueva
York", que animaba a la gente a darles flores a los pobres y a los
pequeños albergados en la Misión de Niños Enfermos. La iniciativa
se volvió tan popular que fue necesario construir un área de propagación e invernadero. Su capacidad aumentó a más de 50,000
plantas propagadas por semillas o esquejes y la comunidad entera
necesitaba unirse para ayudar a distribuir más de 100,000 ramos y
flores a la gente pobre y enferma. Hasta el día de hoy, llevarle flores a una persona en el hospital es una práctica común. Este acto

tiene sus humildes raíces en el amor de un hombre por las plantas, algo que no sólo llenó de alegría a gente de todas partes de forma inesperada, sino que también unió y elevó el ánimo de una comunidad de personas alrededor del simple acto de cultivar y compartir plantas con otros.

No necesitas pertenecer a una comunidad verde para encontrar esa sensación de bienestar que proveen las plantas. Matthew J. Wichrowski agregó que, además de la terapia hortícola, que emplea metas individuales y planes de tratamiento —a menudo administrados por un profesional—, también existe la "horticultura terapéutica", que utiliza metas pero no se mide o grafica. En muchos casos, las historias que la gente comparte conmigo muestran exploraciones personales de la horticultura terapéutica cotidiana.

Mi abuela cuidó su jardín hasta donde pudo antes de su muerte. Amaba tocar la tierra con las manos. Este contacto directo también me parece terapéutico. Cuidar a las plantas dentro de mi casa y en el balcón me resulta invaluable. Durante mucho tiempo he librado una batalla contra la depresión crónica, el dolor crónico y la ansiedad. Cuando estaba en su punto más álgido, cuidar mis plantas era la mayor responsabilidad que podía manejar; cuidar a una mascota hubiera sido demasiado. Para ser honesto, pienso en mis plantas como si fueran mascotas. Me hacen sentir feliz cuando crecen. Su resiliencia me da esperanza de que podré sobreponerme a las cosas malas. También me han enseñado que no puedo controlarlo todo. —Tove T.

El año pasado descubrí que tengo una afección cardiaca que me hace particularmente susceptible a infartos, así que me tuvieron que implantar un desfibrilador. Pasé mucho tiempo en mi habitación para recuperarme de la operación y estudiar, lo cual me deprimió mucho. Pero tenía una hermosa planta colgante en mi cuarto. Con el tiempo, quise más. Comencé a coleccionar plantas. Ahora mi recámara es una jungla. Cuando tengo que estudiar o experimento algún dolor a causa de mis lesiones, realmente puedo descansar en vez de deprimirme en mi pequeño cuarto. —Simon

Tiendo a aislarme socialmente a causa de una enfermedad mental, además de mi "sensibilidad selectiva ante el sonido", también conocida como misofonía, la cual hace que la presencia de cualquier ser humano (y los sonidos que emite su cuerpo) sea extremadamente difícil de tolerar. Las plantas me distraen del mundo humano lo suficiente como para ayudarme a lidiar con estos padecimientos de una mejor manera. La comunidad de plantas en internet me motiva a ser más social. Cuando las plantas son el tema de conversación, me ilumino un poco por dentro. El deseo de visitar jardines botánicos me ayudó a salir más de casa, utilizar el transporte público por primera vez y mejorar mi confianza en viajar sola. —Franziska

Vivo con una profunda depresión, por lo que hay muchas mañanas en las que me cuesta trabajo levantarme de la cama o incluso abrir las cortinas para dejar entrar la luz del sol. Pero las plantas me motivan a hacerlo. Puesto que soy consciente de que necesitan luz solar para vivir, logro dejar la cama, dejo entrar el sol y disfruto la energía que esto trae consigo. Siento una alegría inmensa al ver crecer a mis plantas. Son un recordatorio de que la vida es bella y de que puedo ayudar a cultivarla, incluso cuando me siento terrible. Eso no tiene precio. —Hannah S.

Luego de años de terapia y diagnósticos erróneos, descubrí que tengo un trastorno por déficit de atención (TDA) severo... He notado que mis rutinas matutinas y nocturnas de cuidado de plantas —regar y podarlas— me ayudan a concentrarme y establecer metas diarias... Las plantas son mi refugio ante el ruido que produce mi propio cerebro. Me arropan con su energía como una cobija.
—Pamela Garnett

Tal y como muestran éstas y el resto de las historias contenidas en este libro, es claro que las plantas tienen la capacidad de sanar y son fundamentales para generar ambientes y personas sanas. Pero entonces, si esto es así, a medida que nos alejamos de la naturaleza para vivir en las ciudades —buscando alcanzar nuestro máximo potencial—, ¿por qué casi todos hemos olvidado llevar plantas a nuestros hogares urbanos?

EJERCICIO PARA COMENZAR A SEMBRAR: EVALUACIÓN

1. Durante tu infancia, ¿cuánto tiempo pasaste al aire libre o en presencia de plantas? ¿Cuánto tiempo pasas en la actualidad? ¿Qué es lo que ha causado esta diferencia?

2. ¿Cómo puedes incorporar elementos de la naturaleza cada vez más a tu vida? Haz una lista de ideas.

3. En las próximas semanas, pon en práctica algunas de las ideas de tu lista. Entre más incorporas la naturaleza a tu vida, ¿cómo te sientes? Escribe tus impresiones.

3

AMAMOS LO QUE NOTAMOS

Entrelacemos los dedos de los pies como raíces, emerjamos con la savia y escuchemos a los grandes árboles. Pues su existencia es más antigua que la animalidad, más profunda que el pensamiento, y eso podría desentrañar la génesis primordial dentro de todos nosotros.

—Guy Murchie, *autor de* The Seven Mysteries of Life

. . . .

Ver a las plantas crecer, desarrollarse y cambiar satisface mi curiosidad. Es maravilloso presenciar la singularidad de cada planta, cómo tienen distintas necesidades y responden diferenciadamente a nuestro tacto. Amo acariciar cada hoja, espina y tallo. Puedo sentir, ver, tocar, probar y oler —involucrar todos mis sentidos. He aprendido a ser paciente, ingeniosa, inteligente y observadora gracias a la jardinería. Veo a las plantas como algo más que una mancha verde sobre la tierra. Observo cada planta por separado y todas son únicas.

—Gem Yuson

Al igual que muchos habitantes urbanos, es probable que desconozcas cómo entrar en comunión con la naturaleza y, sin embargo, estés ansioso por recibir algunos de los beneficios sanadores que hemos visto en capítulos anteriores. Probablemente también pienses: *donde vivo no hay espacios verdes que disfrutar.* Esto no es cierto y te mostraré por qué. Por fortuna, disfrutar de la naturaleza, sin importar dónde vivas, puede ser tan sencillo como cambiar de perspectiva. En este capítulo exploraremos cómo hacerlo.

Existe amplia evidencia de que los citadinos han perdido contacto con la naturaleza. No se trata de avergonzarse ni de culpar a nadie, es lo que sucede cuando algo o alguien no forma parte de nuestra vida de manera consistente. Nos alejamos de los hábitos saludables y olvidamos cuán bien se siente ejercitarnos o practicar yoga. Los amigos que eran inseparables en la infancia o en la escuela se pierden al crecer y graduarnos. Incluso un matrimonio puede alejarse si pasa demasiado tiempo sin interactuar de forma significativa.

El "trastorno por déficit de naturaleza", una descripción acuñada por el periodista Richard Louv, quizá no sea un diagnóstico médico aceptable en la actualidad, pero es un término útil para resumir el daño ocasionado a la salud y al bienestar cuando nos alejamos o nos distanciamos del mundo natural. Diversos estudios han mostrado que esta reducción del tiempo que pasamos al aire libre —la desconexión de la granja, el campo y el bosque— posiblemente sea responsable de otro popular término no médico, "ceguera ante las plantas", acuñado en 1998 por los botánicos James Wandersee y Elisabeth Schussler, que se refiere a "la incapacidad de ver o notar la presencia de plantas en nuestro propio entorno".

Frank Dugan, un fitopatólogo investigador en el Departamento de Agricultura de los Estados Unidos, llevó a cabo un estudio en la ciudad de Londres sobre la ceguera ante las plantas y conocimientos generales de botánica. Descubrió que los estudiantes egresados y una porción significativa de los profesores de biología apenas si podían reconocer diez flores silvestres comunes. Y, sin embargo, ocho de las diez flores silvestres se mencionaban en textos de Shakespeare y todas figuraban en el folclor británico —lo cual evidenciaba que alguna vez fueron de conocimiento público para la mayoría de la gente.[1] La vertiginosa pérdida de conocimiento sobre las plantas y su reconocimiento, piensa Frank, no necesariamente resulta de nuestra mayor afinidad con los animales que con las plantas (un punto de vista conocido como *zoocentrismo*), más bien es un indicador de que hemos comenzado a perder nuestra conexión con el mundo natural al no estar inmersos en él.

¿Acaso esto significa que debemos planear viajes frecuentes al campo? ¿Explorar senderos? ¿Recolectar manzanas? Todas estas actividades son positivas, pero la buena noticia es que estar en comunión con la naturaleza —y, por ende, aprovechar sus beneficios no involucra tanto *buscar* sino *observar*. Para lograrlo, quizá no sólo necesites adoptar un ritmo más pausado sino abrir tu mente para darte la oportunidad de observar y maravillarte ante los mecanismos más mundanos de la naturaleza. ¿Cómo? Bueno, pues al advertir la presencia de las plantas, observarlas y sentir curiosidad respecto a cómo perciben la vida desde donde se encuentran.

Una vez que lo hagas, comenzarás a descubrir un mundo lleno de maravillas con tan sólo salir de tu casa.

Hace poco, un cliente me pidió ayuda para idear modelos de negocio que animaran a más gente a involucrarse en la jardinería.

—La ceguera ante las plantas es real —afirmó mi cliente cuando mencioné el término. Señaló el hecho de que uno de mis colegas (la persona que me consiguió el trabajo) no se percató de la gran cantidad de plantas que había en la oficina del cliente cuando se conocieron y que lo más probable era que sólo las hubiera registrado como parte del entorno de la oficina.

Esta ceguera vegetal tiene muchas más implicaciones que inhibir a alguien de entrar a una tienda de plantas. Como podrás imaginarte, si ni siquiera reconoces las plantas, es probable que ignores su importancia en nuestra vida y su relevancia para la biósfera, el sistema viviente de la Tierra. Esto a su vez se traduce en una menor atención y financiamiento en el mundo de la conservación y las políticas públicas, por ejemplo. En Estados Unidos, 57 por ciento de las especies en peligro de extinción a nivel federal se compone de plantas. Sin embargo, menos de 4 por ciento del dinero destinado a las especies amenazadas o en peligro de extinción se utiliza para protegerlas.

Esta disparidad resulta notable si se considera que, en gran medida, las plantas son la base de un sistema ecológico saludable. A nivel mundial, 2,550 sitios han sido identificados como Áreas de Importancia para las Plantas (regiones con poblaciones internacionalmente significativas de especies de plantas amenazadas, hábitats bajo amenaza y/o áreas cuya riqueza botánica es excepcional). No obstante, estas áreas reciben poca protección y se enfrentan a múltiples amenazas que van desde la construcción a la agricultura y al cambio climático. Como puedes ver, esto se convierte en un peligroso bucle de retroalimentación: una menor atención a las plantas implica menos conservación, menos espacio e incluso menos oportunidades para nuestra propia interacción con ellas, sobre todo en sus hábitats naturales.

Retomemos la analogía de perder el contacto con las relaciones de nuestra vida: si no logras conectar con una persona, ¿cómo establecerás una relación con ella? Y si no tienes esa relación, ¿cómo experimentarás sus beneficios positivos y reconfortantes? Esto es igual en nuestra relación con las plantas.

Por fortuna, la ceguera ante las plantas puede curarse, como lo ha mostrado mi propio trabajo y el de muchos otros. En un estudio reciente conocido como "Proyecto de la planta mascota", se les pidió a más de 200 estudiantes que sembraran una planta desde la semilla, monitorearan su desarrollo e interactuaran con ella diariamente. Aunque en este estudio no hubo un grupo de control, los investigadores descubrieron que a nivel cualitativo la mayoría de los estudiantes prestó más atención a las plantas a su alrededor tras finalizar el proyecto y planeaba cultivar plantas en un futuro.[2] De igual manera, luego de la reunión creativa con el cliente, muchos de mis colegas declararon un nuevo amor y aprecio por las plantas. Algunos se acercaron poco después para preguntarme sobre el cuidado de las plantas. Esto también sucede durante mis talleres —la gente se me acerca queriendo saber más, sobre todo tras descubrir algunos de los misterios que las plantas guardan en su interior. Resulta que una vez que entiendes lo básico sobre las plantas, ¡la alegría e inspiración de tenerlas en tu vida puede ser contagiosa!

> Estudiar odontología era muy estresante. Decidí comprar unas plantas: un rosal, una de aloe y un árbol de la abundancia para mi residencia de estudiante. Éstas me dieron los mejores momentos. Me entusiasmé al ver florecer las rosas, al ver crecer mi árbol de la abundancia con tanta rapidez y utilizar el aloe para preparar remedios caseros. Cuando estaba a punto de irme de la residencia, un estudiante más joven me preguntó si podía encargarse de mis plantas. Me sentía feliz de dejar un legado. —Sreeja Renju Nair

Tras la muerte de mi suegro, me invadió la tristeza. Mis análisis de sangre también mostraron que tenía una deficiencia de vitamina D. Aunque fue mera coincidencia, tomar el sol para aumentar mis niveles de vitamina D me recordó cuánto extrañaba a mi suegro. A menudo le preguntaba sobre sus plantas. Él amaba las camelias, las cuales producían hojas del tamaño de mi mano. Comencé a plantar camelias. Pasaba tiempo al aire libre todos los días a fin de obtener mi dosis gratuita de vitaminas. Pronto me aventuré en la siembra de geranios, azáleas, rosas y más. ¡Me fascina! Además, para mi sorpresa, ahora mi esposo e hijos disfrutan mucho mis plantas. Es maravilloso cuando mis hijos tocan el piano y el clarinete entre las plantas. Es una hermosa selva musical que todos pueden disfrutar. —L. Mark

Cuando mi hija tenía diecisiete años, nunca coincidíamos en nada. Un día, tras uno de sus terribles ataques de ira, se me escapó decirle que era una "perra". Pienso que ambas nos sorprendimos porque no creíamos que yo hubiera dicho eso. Salió furiosa de la casa. Poco tiempo después, salí a comprar los ingredientes para la cena en nuestra tienda de comestibles. Siempre que estoy ahí visito la sección floral. Ese día, la primera planta que vi fue un *Anthurium* color rojo y en forma de corazón. Me quedé parada ahí y lloré un poco. Luego reuní todo lo que necesitaba para la cena —y regresé a comprar esa planta. Cuando llegué a casa, le escribí una extensa y emotiva carta a mi hija y se la di junto con la planta. Arreglamos nuestros problemas. Poco más de cinco años después, tras su graduación de la universidad, puedo decir que nos hemos acercado bastante. Mientras la ayudaba a empacar sus cosas y dejar el dormitorio de la universidad, ¡me pidió que recogiera la "planta perra" de su ventana! No tenía idea a lo que se refería. Me explicó que ésa era la planta que yo le había dado después de llamarla "perra" años atrás. Dijo que la planta le recordaba cómo nunca perdí la fe en ella y la amé durante los días difíciles. Dijo que cuando las cosas se complicaban, conversaba con la planta como si lo hiciera conmigo. Ahora, cuando veo esa planta, siento un poco de culpa, pero también me siento contenta de que me haya permitido reconectar con mi hija.

Las plantas no sólo nos acercaron a mi hija y a mí. También recuerdo que mi madre y abuela solían arrancar pedacitos de plantas para enraizarlas en agua y luego colocarlas en macetas. Cada planta contaba una historia. Una era de un funeral, otra de una boda y otra de unas vacaciones. He continuado esta tradición por ejemplo, al enraizar pedacitos de plantas de la boda de mi hija. Estas plantas me producen sentimientos de paz y cercanía con mis seres queridos y amigos. Mi esposo también participa en este ritual: me regaló una orquídea cuando lo enviaron a Irak. La cuidé y protegí porque quería que sobreviviera al menos hasta que mi esposo regresara a casa. El hecho de que volviera a florecer en su ausencia significó mucho para mí y las flores parecieron durar para siempre. Siento que de alguna manera la orquídea supo cuán importante era verla florecer. Ahora ha estado en nuestra familia desde 2005 y tanto mi esposo como yo tenemos un gran aprecio por esta dulce orquídea que aún florece. —Deanna Lynn Cole

No importa si eres un cuidador de plantas experimentado o novato, una excelente forma de adentrarte en este mundo es practicar lo que yo llamo "observación activa" de plantas. Esto no sólo mejorará tus habilidades para cuidar plantas, sino que además tranquilizará tu mente al bajar el ritmo de tu vida y ayudarte a saborear el momento. Hasta en el paisaje urbano más bullicioso se pueden crear interludios pacíficos. Las plantas pueden ser tus aliadas en esta edificante odisea. Lo único que necesitas es tomar la decisión consciente de fijarte más en la naturaleza.

Cada mañana me pongo esa meta cuando salgo a caminar. Una planta que siempre me encuentro durante estos paseos es el persistente zumaque liso (*Rhus glabra*) con hojas pinnadas compuestas que se extienden como largas plumas verdes sobre tallos color rojo brillante. La considero persistente porque se ha establecido en una enorme grieta en la acera de concreto, la cual se apoya sobre una pared de ladrillo. De alguna manera, el *Rhus*, que crece hacia fuera de la pared en un ángulo de 45 grados, ha sobrevivido durante años en este espacio aparentemente inhóspito, alcanzando casi 2.1 metros a lo largo de la última temporada. Cómo halló y conquistó la grieta pudo ser cuestión de suerte o valentía —o, probablemente, un poco de ambas. Dada su posición, imagino a una paloma —o alguna otra ave silvestre emplumada alimentándose de algunas bayas rojas durante el invierno y desahogando su vientre a un costado del edificio, fertilizando el *Rhus* a su partida. Con frecuencia, las semillas de las plantas viajan por el tracto digestivo de los pájaros u otros animales sin sufrir ningún daño, lo cual no sólo garantiza que serán transportadas lejos de su planta madre original sino también que tendrán un medio rico y fértil —en este caso, heces de pájaro— para crecer.

A menudo me pregunto cómo el zumaque, una especie formadora de colonias que se esparce a través de retoños de raíz, solucionará su soledad. Si se le deja en paz, podrían transcurrir años antes de que esta historia se desarrollara. Quizá sus sinuosas raíces subterráneas poco a poco ensancharán la grieta como una invitación para que ocurra un nuevo crecimiento. O tal vez tendrá que esperar a que el invierno introduzca sus dedos helados bajo el concreto para expandir y arrancar la gruesa faja color gris que la contiene. O quizá permanezca soltera para siempre, una florecita tímida e invisible, cuyo destino estará sellado por su azaroso hogar (a diferencia de los humanos, las plantas no pueden empacar sus raíces y mudarse si les disgusta el clima, las propiedades o la escena social. Deben crecer donde se les planta —ser o morir— y depender de las semillas o esporas para diseminar su linaje). También puede haber una intervención externa

—digamos, un nuevo desarrollo inmobiliario que se construye en su espacio. Esto podría provocar un desarraigo poco ceremonioso, lo cual pondría fin a mi observación diaria y a mi relación con esta colega citadina.

Observaciones como ésta nos permiten estar presentes y experimentar un cambio de ritmo, incluso cuando el ritmo a nuestro alrededor no haya sido alterado. También nos permiten apreciar el cambio durante periodos más largos de tiempo en este caso, el ciclo del tiempo de una planta. Los cambios diarios, como el del *Rhus* de mi vecindario, pueden ser virtualmente imperceptibles o infinitesimales en el mejor de los casos, pero en el curso de una temporada, o varios años, pueden llegar a ser considerables e impresionantes —esto, sólo si nos damos el tiempo de notarlos.

Estas prácticas de observación, sobre todo si se hacen a diario, nos preparan para tener experiencias profundas y facilitan nuestras interacciones con la naturaleza —no sólo en la ciudad sino dondequiera que la encontremos. Aprovechar nuestras observaciones diarias y plantear distintos escenarios posibles, como lo hice con mi *Rhus*, fomenta el compañerismo, la hospitalidad e incluso la civilidad hacia nuestras compatriotas clorofílicas. Esto lo experimenté durante otra de mis caminatas matutinas —en la dirección opuesta al *Rhus*— que involucró a un *Bryophyllum delagoense* abandonado.

Ahora bien, el *Bryophyllum delagoense* también se conoce como "madre de millones". Esto por sí mismo revela la magnitud de su energía vital. Esta planta es una suculenta nativa de Madagascar y, en consecuencia, está acostumbrada a la sequía y al descuido. En conclusión, esta briofita de Brooklyn era una sobreviviente natural.

Gran parte del vecindario por el que caminaba estaba en construcción y en una tienda de artículos para el hogar, que se encontraba cerrada, habían abandonado una enorme y enredada planta que se asomaba por una de las soleadas ventanas. Me detuve, me acerqué y la miré. La carnosa suculenta, casi tan alta como yo, se encontraba en una maceta en el piso, recargando su peso sobre la ventana. Lo único que nos separaba era un delgado vidrio y, sin embargo, no había forma de entrar al edificio, así que seguí caminando. Pero no dejé de mirarla.

Un día, algunos meses después, vi a un trabajador en el edificio. Había herramientas, polvo y pedazos de madera esparcidos por todas partes; no obstante, la planta que sufría desde hacía tanto tiempo, que aún sobrevivía en su polvosa maceta, se erguía firme y estoica. Le pregunté al trabajador si podía llevarme la planta para que no le estorbara.

—Regresa mañana —me respondió con brusquedad—. Mi capataz estará aquí y puedes preguntarle a él.

Me presenté a la mañana siguiente con mis tijeras de jardín y le hice la misma pregunta al capataz.

—Haz lo que quieras con ella —respondió, haciendo un ademán con la mano.

No había forma de cargar y llevarme aquella enorme planta a casa, así que corté un manojo de tallos envejecidos, coloqué los esquejes nudosos en una bolsa gigante y me los llevé al departamento. Ahí, los extendí y ordené en una fila sobre el piso de madera laminada. Conté no menos de quince tallos de mi planta rescatada y una prolífica cantidad de plántulas —plantas clonales que se forman a lo largo de los márgenes de la hoja de la planta madre y se propagan al instante (de ahí el nombre "madre de millones"). Replanté todas las plántulas en una enorme maceta algunos días después, luego de que los esquejes desarrollaran una callosidad para que los tallos no se pudrieran, y le di a mi nueva planta un poco de exposición sureña. Se encuentra junto a mí mientras escribo su historia, pariendo plantas bebés y coexistiendo con las otras plantas caseras de mi recámara.

Rescatar plantas es una actividad sumamente gratificante. Incluso en un espacio pequeño, puedes adoptar algunas plantas que lo necesiten. Encuentra una que alguien haya dejado en la acera después de una mudanza (recientemente adopté dos plantas huérfanas de esta manera). Busca en sitios como Craigslist, que siempre parece tener artículos gratuitos para quienes son más ahorrativos. Revisa los basureros que se encuentran afuera de los grandes almacenes, los cuales casi siempre se deshacen de las plantas que a menudo nadie compra. Compra uno de esos árboles de la abundancia olvidados y amontonados en un estante cerca de la caja de la tienda de abarrotes de tu localidad, que tiritan a causa de las heladas ventiscas que entran cada vez que se abren y cierran las puertas. Guarda una plántula de la anémica malamadre que languidece en el archivero de tu trabajo, pon un poco de tierra suelta en un viejo frasco de mermelada y coloca la plántula sobre el alféizar de tu ventana para verla enraizarse, después siémbrala con amor en una maceta colgante y en cuestión de meses contemplarás su follaje picudo a través de los rayos del sol mientras disfrutas de tu café o té. A cambio de pequeñas dosis de atención y paciencia, las plantas literalmente se quedarán contigo en las buenas y en las malas.

Hace unos años viví una época difícil y decidí visitar la tienda de plantas de mi localidad. No compré nada ese día, pero no pude dejar de pensar en conseguir una planta para mi casa. Al día siguiente regresé a la tienda y compré dos plantas —un *Philodendron* color rojo profundo y una hermosa *Hoya*. Me despertaba cada mañana para cuidar mis plantas. Muy pronto comencé a notar su crecimiento y eso en verdad me ayudó a volver a mi centro y me recordó que hay que ver lo bueno en el mundo. —Julia K.

El otoño pasado me di cuenta de que tenía depresión estacional. Necesitaba algo que me hiciera sonreír y ser productivo. Así que compré unas suculentas... que muy pronto crecieron en espiral a partir de la propagación de semillas y hojas. Durante ese invierno recibí plantas rescatadas de mi trabajo y de mi abuela. Comencé a aprender cómo rehabilitar plantas descuidadas. Incluso, por accidente, puse en estado de shock a mi recién adquirida *Maranta* y *Pilea* de Moon Valley, pero a lo largo de los meses volvieron a la vida gracias a mis cuidados. Al hacerlo, de alguna manera me resucité a mí mismo. Hay algo tan terapéutico en ayudar a que las plantas crezcan. —Cole A.

También considero que trabajar como voluntaria en el jardín comunitario de mi localidad cuatro horas a la semana durante la temporada de crecimiento es una conmovedora meditación que puede elevar la mente, el corazón y la energía. Visitaba el lugar con tanta frecuencia que eventualmente indagué sobre la posibilidad de convertirme en miembro. El jardín —un lote de más de dos mil metros cuadrados— es grande para los estándares de una ciudad y es un tesoro oculto para muchas personas, sobre todo aquellas que han pertenecido a la comunidad durante décadas. Cada planta podada, cada pala utilizada para remover tierra, cada flor plantada —cada acción es como un bordado que te enhebra cada vez más en el tapiz de la comunidad a la que llamas tu hogar.

> Soy miembro de la junta del jardín botánico comunitario [de mi localidad]. Me inscribí cuando pasaba por un mal momento y descubrí que ensuciarme las manos y cuidar plantas me subían el ánimo al instante. El jardín también demostró ser un terreno fértil para desarrollar nuevas amistades. Hice algunos amigos cercanos. Nos unió nuestro amor por la naturaleza y las plantas. —Christina Cobb

Después de un incidente traumático, encontré la paz al dedicarle tiempo a mis plantas. Hay un lento y silencioso deleite en observar su crecimiento y estar en sintonía con las estaciones. Mi creciente amor por las plantas me orilló a unirme a una sociedad verde —mis primeros pasos para reincorporarme al mundo social. Terminé por entrar a un curso de horticultura, el cual transformó mi mundo. Las plantas son una fuente constante de asombro en un mundo que puede resultar descorazonador. En las

plantas encuentro esperanza, paz mental y un corazón tranquilo.
—Tessa Kum

Es cierto que notar la presencia de las plantas puede tomar algo de tiempo. Quizá tus observaciones deban ser más conscientes, como las mías con el *Rhus*. Después de todo, las plantas tienen matices en su encanto y son sutiles en su afecto. La suya es una mirada fugaz a través de una concurrida pista de baile, un encuentro clandestino entre dos amantes bajo el manto de la noche, un soplo de viento momentáneo en un día caluroso y tranquilo. Para la mayoría de nosotros, las plantas parecen ser totalmente inmóviles, insensibles y nada más que una mancha borrosa de color verde. Sin embargo, como exploraremos en los próximos capítulos, las plantas son todo menos insensibles —y ofrecen una variedad de colores, siluetas, formas y misterios deslumbrantes que comparten con generosidad.

EJERCICIO PARA COMENZAR A SEMBRAR: OBSERVACIÓN

1. Elige una planta para observar durante alguna de tus caminatas por tu vecindario a lo largo de una semana, dos semanas, un mes o incluso una temporada completa. Podría ser algo tan insignificante como un diente de león (*Taraxacum officinale*) en la grieta de una acera, un cóleo (*Plectranthus scutellarioides*) en una balconera o un árbol de roble gigante (*Quercus* sp.) en el patio trasero de algún vecino. Haz notas mentales sobre la apariencia diaria de esa planta. ¿De qué color son las hojas? ¿La planta apunta hacia alguna dirección en particular? ¿Está en floración? ¿Tiene más hojas de un lado que del otro?

2. **Elabora explicaciones posibles para tus observaciones.** Una vez que hagas las observaciones respectivas, comienza a crear historias que puedan explicar por qué algo es de esa forma. Por ejemplo, ¿la sección del roble que tiene más hojas se relaciona con la cantidad de luz solar que recibe por la tarde? ¿O se debe a que alguien cortó el árbol de un lado para evitar que tocara un cable telefónico?

3. **Nota un cambio sutil y uno significativo a lo largo del tiempo.** ¿Las hojas se orientaron de manera distinta en el curso del día? ¿Comenzaron a formarse bellotas en el roble? Buscar cambios sutiles y significativos mejorará tu habilidad para detectar transformaciones a lo largo del tiempo. A través de la práctica, te encontrarás tomando notas mentales sobre el ritmo bajo el cual opera "tu" planta, ¡que muy probablemente diferirá del tuyo!

4

CUANDO CAE UN ÁRBOL
EN EL BOSQUE...

Abusamos de la tierra porque la vemos como una mercancía que nos
pertenece. Cuando veamos la tierra como una comunidad a la cual
pertenecemos, entonces quizá podremos tratarla con amor y respeto.

—*Aldo Leopold*

· · · · · · · ·

*Las plantas me recuerdan que todos estamos interconectados y que mi
vida proviene de una larga línea que se extiende hasta el inicio de la
existencia misma —y si mis predecesores me dejaron en esta época,
entonces también estaré bien.*

—*Eric @aroiddaddy*

Una de las primeras lecciones que aprendí sobre la forma en que podemos afectar nuestro entorno —y viceversa— fue duran-te mi adolescencia, cuando trabajaba en la restauración de una mina de carbón cerca de mi ciudad natal. Mi labor era tratar de ayudar a reordenar las piezas de dicho paisaje para hacer que volvieran a crecer plantas en el lugar y restaurar la salud del ecosistema. La parte más importante e iluminadora del trabajo era diseñar un plan de siembra para la restauración de Grassy Island Creek, una de las principales zonas bal-días* abandonadas por la industria minera del carbón —una escena suma-mente común en mi ciudad natal.

La tarea de restaurar una mina es todo menos una cosa sencilla. En la tierra, la vegetación era escasa —salvo por algunos abedules grises (*Betula populifolia*) de apariencia enfermiza que sobresalían del sustrato escarpa-do. Había algunos matorrales densos de la planta invasiva *Fallopia japo-nica*, cuyos tallos en forma de caña y rápido crecimiento le otorgaron el

---

* Una zona baldía es un antiguo terreno industrial o comercial donde cualquier uso futuro podría verse afectado por una contaminación ambiental real o percibida.

nombre de "bambú japonés". Con excepción de esto, el resto del terreno estaba en ruinas —una masa de roca negra que parecía haber caído al planeta en forma líquida para después congelarse y enfriarse.

Me encontraba en una mina donde mi bisabuelo probablemente trabajó cuando tenía mi edad, tratando de "reparar" lo que él u otros hombres como él hicieron. Una estela de vapor, como el aliento caliente de un dragón durmiente, salió de un pozo minero que parecía una herida negra y encostrada en la superficie de la tierra.

Luego de talar una buena parte de los bosques originales de Pennsylvania, la explotación minera del carbón comenzó a alterar el paisaje. Mi bisabuelo trabajó en las minas recolectando carbón por más de quince años, empezando a la temprana edad de dieciocho años. No fui lo suficientemente curiosa durante mi infancia para preguntarle sobre su trabajo, así que mi abuela ahora funge como la vocera de su pasado. A medida que su salud empeoró durante la vejez, mi abuela le pidió a su padre que escribiera todos los sitios en donde trabajó en su juventud, a fin de no perder parte de su historia.

Encontré toda esta información en un pedazo de papel, mismo que mi abuela resguardó en su biblia hace veinte años. Poco a poco, descifré su complicada caligrafía. Sus afirmaciones eran simples y directas, sin adorno ni queja —todas ellas cualidades que mi bisabuelo poseía cuando estaba vivo: "Primero empecé a trabajar en las minas en Dickson. Después de cinco años ahí, me fui a Miles Slope, Olyphant. Luego a la mina de carbón de Rogers en Scranton. Luego a Eddy Creek para la empresa Hudson Coal Company en Olyphant; y finalmente a la mina Swader".

Aunque mi bisabuelo nunca se quejó, mi abuela compartió que su trabajo era implacable. Caminaba con dificultad desde las minas durante los meses de invierno, empapado por el sudor y la nieve. Para cuando llegaba a casa, su ropa estaba rígida a causa del hielo que se aferraba a la tela. Algunos años después de casarse con mi bisabuela, el costo de la extracción incesante de carbón se había impregnado en sus pulmones, igual que en la tierra y el aire, un testimonio de que tanto la Tierra como los humanos estaríamos mucho mejor si el carbón hubiera permanecido enterrado.

Hoy la minería de carbón es prácticamente inexistente en los condados del noreste de Estados Unidos, de donde yo vengo, en gran parte debido al desastre de 1959 de la mina Knox en Exeter y Pittson, donde el río Susquehanna irrumpió por la mina cavernosa, matando a doce hombres a su paso. Se enviaron carritos de mina a la boca del enorme agujero para tratar de tapar la recién formada cascada subterránea. ¡Y pensar que se cavaron suficientes túneles bajo la superficie de la tierra como para desaparecer millones de litros de río! Pues eso no es más que magia negra, si es que alguna vez ha existido algo así. Aunque para 1959 el uso del carbón ya había disminuido —el cual había sido impulsado por la sobreexplotación de la madera, las guerras y los ferrocarriles—, el desastre de la mina de Knox fue el último clavo en el ataúd de la minería profunda.

Los humanos son, por antonomasia, expertos en postergar las cosas. Esperamos hasta tener un susto en temas de salud para modificar nuestra dieta o adoptar una rutina de ejercicio; abandonamos un trabajo estresante sólo después de sufrir un colapso nervioso, al parecer sólo un desastre nos hace conscientes de que debemos parar o al menos alterar nuestro plan original. En la actualidad, la fracturación hidráulica o *fracking* de los sustratos de gas natural de 380 millones de años en la formación Marcellus, que se halla a miles de metros bajo tierra, se ha vuelto una prioridad por encima de la búsqueda de carbón.* La fractura hidráulica involucra el rompimiento de fisuras en la tierra y la utilización de agua y sustancias químicas tóxicas a alta presión para extraer petróleo o gas —compuesto de los antiguos restos de plantas y otra materia orgánica.

Al explorar el terreno de la mina Grassy Island Creek, me agaché bajo el calor del sol y recogí un poco de roca ceniza. Una de las primeras cosas

---

* Marcellus es una formación de roca sedimentaria marina, plancton y otros materiales que fue depositada durante el periodo devónico y que ahora se extrae comúnmente para obtener gas natural.

que debíamos hacer era crear un sustrato para que las raíces crecieran. Se requeriría traer muchísima tierra. También necesitaríamos encalar la zona considerablemente para neutralizar la alta acidez del sustrato. Es imposible para la mayoría de las plantas —u otras formas de vida— sobrevivir en ambientes tan adversos.

Por último, la tierra y el río tendrían que adoptar una forma más natural para que la restauración tuviera éxito (a fin de optimizar el acceso al carbón, el río había sido *canalizado*: trasegado a través de grandes canales de cemento que restringían severamente su flujo natural).

Se contrató a un geomorfólogo pluvial para que "rediseñara" el río, quien esculpiría y trazaría su camino como un cirujano paisajista, devolviéndole su anatomía original. Añadió rápidos y arroyos, reintroduciendo espacios para la formación de algas, insectos acuáticos y, finalmente, peces. En teoría, una vez que la tierra y las plantas estuvieran listas, el hábitat se restauraría a sí mismo.

Después vino el plan de siembra. Era mi responsabilidad decidir qué árboles serían más apropiados para el terreno afectado, con cuántos empezar, dónde y a qué distancia debían plantarse. Naturalmente, escogí árboles nativos, con la excepción de un arbusto de sauce, que fue explícitamente criado para sembrarse en terrenos marginales como las minas. Busqué una combinación de especies, incluyendo variedades con flor como bayas de guillomo (*Amelanchier* sp.), ciclamores (*Cercis canadensis*) y cornejos (*Cornus* sp.) para atraer a la fauna silvestre y fijadores del nitrógeno como alisos (*Alnus* sp.) y falsas acacias (*Robinia* sp.), que pueden ayudar a reconstituir la tierra. También escogí algunos fresnos (*Fraxinus* sp.), robles (*Quercus* sp.) y arces (*Acer* sp.) para incorporar una mezcla más nativa de plantas, dado que para algunas especies prolíficas como las falsas acacias o invasoras como la *Fallopia japonica* puede resultar muy fácil arraigarse antes de que otras lo hagan.

El área fue sembrada con semillas, en su mayoría tréboles patas de pájaro (*Lotus corniculatus*) inoculados con una bacteria fijadora del nitrógeno,

Rhizobium lupini (el trébol es una legumbre ramificada resistente a la sequía que posee una hermosa corona de flores color amarillo canario, que puede conseguirse con facilidad), tréboles blancos (*Trifolium repens*) y una mezcla de algunas especies de pasto de crecimiento lento. Esto ayudaría a reavivar la tierra al aumentar su fertilidad, frenar la erosión y proporcionar protección y mejores condiciones para la supervivencia de las plántulas.

El área de 0.6 hectáreas de Grassy Island Creek se transformó en cuestión de semanas. Sin embargo, nuestro éxito duró poco. Cuando una tormenta de viento devastó la zona un año después, desaparecieron los bosques antiguos, microorganismos, raíces, tierra y cubierta vegetal que ofrecían protección contra el viento, además de erosión incorporada y control de inundaciones. Únicamente sobrevivieron las áreas que no habían sido alteradas por la minería.

Reparar la destrucción ambiental toma mucho más tiempo que perpetuarla. Pese a nuestras mejores intenciones, esfuerzos y gran disponibilidad de recursos, no pudimos reparar ni una mínima parte del ecosistema que la madre naturaleza dispuso metódicamente y evolucionó a lo largo de cientos de miles de años —un milagro milenario que destruimos en el curso de seis o siete generaciones.

A partir de esta experiencia, aprendí que nunca existirá una mejor madre para la naturaleza que la naturaleza misma. Quizás entonces, antes de que retiremos, extraigamos o destruyamos algo, deberíamos preguntarnos: ¿estamos preparados para ser los padres sustitutos de este paisaje por un número indeterminado de años?, ¿deberíamos seguir apropiándonos de las plantas milenarias comprimidas bajo la superficie, quemándolas con tal determinación que la lluvia se vuelva ácida a causa de los vapores y luego tirando los desechos en la tierra, sumiéndola en tal devastación que nada crecerá ahí durante siglos? O podemos aprender de nuestras acciones y preguntarnos si como seres humanos que formamos parte de la naturaleza, ¿qué podemos aprender de ella?

No tenemos que dañar la naturaleza —ni, como le sucedió a mi bisabuelo y a muchos otros, enfermar a las personas. A través del descarte selectivo, podemos mejorar la salud de los sistemas forestales. Asimismo, con buena planeación e involucramiento, podemos lograr que nuestras comunidades sean más habitables y saludables. Podemos hacer que nuestros hogares sean más tranquilos y acogedores. Lo único que necesitamos es acudir a la naturaleza —escucharla, observar su funcionamiento y emularla lo mejor posible. Hay mucho que ganar con ello.

La ceguera ante las plantas, que abordamos en el capítulo anterior, apunta a un problema mayor que nos impide experimentar todos los beneficios de la naturaleza. A menudo la naturaleza pasa desapercibida, es poco apreciada y explotada porque, en términos generales, nos hemos contagiado de una mentalidad mercantilista —sobre todo quienes vivimos en ciudades. La naturaleza se ha convertido en un objeto de la cultura consumista, disfrazada y comercializada con poca semejanza a su estado original. Este capítulo te pedirá ver más allá de las limitaciones del consumismo moderno para comenzar a reconocer cuán comprometidos estamos con la generosidad (menguante) de la naturaleza y cuánto más presentes están las plantas en nuestra vida de lo que imaginamos, más allá de las macetas de bromelias y las flores de Navidad o nochebuenas que compramos durante el invierno —incluso hasta el punto de poblar nuestro lenguaje. En este capítulo, te desafiaré a ver el mundo desde la perspectiva de una planta.

Perspectiva de una planta: la naturaleza es más que un "recurso"

Una década antes de mi estadía en la selva tropical templada Great Bear de la Columbia Británica, el área era conocida simplemente como "Área de Suministro de Madera de la Costa Central". Esta extensión de tierra, a la cual prácticamente sólo se puede acceder por barco, era la primera línea para la tala industrial en Canadá —un lugar donde se cortaba la madera a fin de extraer la pulpa para elaborar productos de papel como libros y revistas, quizá como el que lees en este momento. Debido al nombre que recibió en un inicio, es probable que el público creyera que esta enorme área silvestre era una zona de tala.

Tuve la gran oportunidad de viajar a Great Bear como parte de una excursión para ayudar a crear conciencia y recaudar fondos en la zona. Un grupo de organizaciones de conservación locales e internacionales y los pueblos indígenas de las primeras naciones se unieron para conservar la región canadiense. Al momento de nuestro viaje, se anunció que los primeros 2.8 millones de hectáreas de bosque maduro estarían bajo una estricta protección, con un plan de cinco años para incorporar la conservación y el bienestar a lo largo de la región. Hoy Great Bear tiene una extensión de 6.1 millones de hectáreas con distintas formas de conservación, gestión y protección, desde la punta norte de la isla de Vancouver hasta la frontera con Alaska, y forma parte de la extensión más grande de selva tropical costera templada en el mundo. ¿Esto es grande? Sin duda, pero aún se considera raro, dado que las selvas tropicales templadas cubren menos del 1 por ciento de la masa territorial de la tierra.

Debido a que gran parte de esta zona se encuentra en la costa del Pacífico y en algunos casos distribuida a lo largo de múltiples islas, catorce personas vivimos en un barco durante dos semanas para darnos una idea del lugar. Salimos de Bella Bella, un pintoresco pueblo a orillas del mar en la isla Campbell en la Columbia Británica y hogar del pueblo Heiltsuk, y nos dirigimos al norte hacia la isla Princess Royal.

La proa de nuestro barco partía las aguas frías de la estrecha bahía. Una fina capa de lluvia, que parecía estar siempre presente, nos acariciaba la piel. La atmósfera captaba tanta humedad en su cuna de aire que nos hacía apreciar el mundo como a través de un vidrio esmerilado. A nuestro alrededor, los acantilados escarpados se elevaban tan alto que incluso permanecían ocultos bajo un denso tul de neblina. Era probable que la neblina se formara en el mar, condensándose por encima del agua fría y de la tierra mientras se movía a través del aire. Se esparcía durante kilómetros por encima de la bahía, rozando la cara de las rocas como un rebaño de ovejas etéreas. Los árboles, una combinación de cedro rojo (*Thuja plicata*) y abeto de Sitka (*Picea sitchensis*) —algunos de hasta cien años de edad—, se aferraban a los acantilados, erguidos juntos, como centinelas, elevándose hacia el cielo con un fondo de piedra.

Nuestro capitán divisó una serie de cascadas del lado del puerto. Por encima del motor se escuchaba el rugido sordo de las cataratas. El capitán acercó el barco lo suficiente para que sintiéramos el gran estruendo del agua reverberando a través de nuestros cuerpos, ahogando nuestros gritos de emoción con su fuerza atronadora. He vivido gran parte de mi vida en la naturaleza y he visto algunos paisajes deslumbrantes. Pero nunca antes me había sentido tan empequeñecida, humilde y asombrada por un paisaje.

Una parada en nuestro viaje nos condujo a una costa arenosa hábilmente escondida. Nuestro guía cultural perteneciente al pueblo de los kitasoo, Doug Neasloss, un hombre fornido y apuesto con el rostro cincelado y corte de cabello militar, nos pidió con amabilidad que nos quitáramos los gorros. La zona adonde nos llevaba era un espacio sagrado —poco conocido por los forasteros. Nos adentramos en el bosque hasta que llegamos adonde se encontraban dos grandes árboles, cada uno de al menos 1.2 metros de diámetro y unos 30.5 metros de longitud, los cuales fueron sacrificados para crear vigas horizontales. Estaban colocados en paralelo y se encontraban a buena distancia el uno del otro, elevándose del lecho forestal sobre otras cuatro grandes vigas de árbol, de al menos tres metros de altura. A medida que nos acercamos, notamos que flotaban encima de una zona hundida que se asemejaba a un cuadrado excavado en el lecho forestal. El "escenario", que ahora había sido invadido por helechos de todo tipo, estaba flanqueado por largos escalones parecidos a un graderío, lo cual hacía que la zona pareciera un anfiteatro cubierto de musgo. Podía imaginar que se trataba de un escenario místico para las dríadas y sílfides del bosque.

Durante milenios, este espacio se utilizó para realizar *potlatches* —ceremonias sagradas y comunitarias que unían a los habitantes de los pueblos nativos en solidaridad. Nuestro guía nos comentó que los *potlatches* se organizaban de forma clandestina, incluso cuando el gobierno canadiense prohibió las ceremonias entre 1884 y 1951 —una táctica para asimilar a los pobladores nativos y destruir su cultura. Ahora nos encontrábamos en este espacio forestal, que para Douglas y su gente no sólo era considerado un lugar sagrado y su hogar, sino también un lugar de resistencia simbólica.

En el camino de regreso a nuestro barco, nos detuvimos un momento para descansar las piernas sobre una pila de árboles sacrificados de varios cientos de años. Algunos eran tan largos como para sentar a setenta personas o más lado a lado. Me quité los zapatos y las calcetas mojadas y dejé que mis dedos engarrotados absorbieran el primer rayo de luz solar que habíamos recibido en días. Un ligero olor a sal y algas marinas del agua que chapoteaba se elevó en el aire. Ross McMillan, el presidente de Tides Canada y uno de los arquitectos del proyecto de la selva tropical templada de Great Bear, nos contó que los árboles sobre los cuales descansábamos habían sido cortados ilegalmente por taladores. Dada la naturaleza delicada y sagrada de la zona, de inmediato se tomaron medidas para detener una invasión mayor. Lo que para una empresa maderera parecía madera de calidad para exportar, en realidad formaba parte de un ecosistema poco común e intacto, así como un centro sagrado para la gente que vivía ahí.

—Hace poco visité una zona donde los taladores sacrificaban árboles como éstos —dijo otro de nuestros compañeros de barco—. En el costado de uno de los troncos habían pintado caracteres japoneses con aerosol rojo.

Ansioso por saber cuál sería el destino de estos árboles, se acercó a uno de los leñadores y le preguntó.

—Sí. ¡Van camino a Japón! —gritó el leñador por encima del ruido de la motosierra, para hacer palillos chinos.

Sentada sobre este majestuoso árbol caído, en este lugar mágico, luego de horas de viajar sobre aguas cubiertas por neblina, cascadas que sacudían la tierra e imponentes acantilados, me estremecí ante la idea de que todo este paisaje estuvo a punto de convertirse en algo tan insignificante como unos palillos desechables. Estos árboles no son descartables. La naturaleza recicla y utiliza hasta el último pedazo de sus creaciones, tengan o no raíces. Por otro lado, nosotros como sociedad, después de siglos de migrar lejos de sitios de interacción cercana con el mundo natural, hemos perdido contacto con nuestra habilidad de observar el ciclo continuo de la naturaleza y cómo nuestros productos y acciones afectan, interrumpen y destruyen, de forma irrevocable, los procesos que han sobrevivido durante milenios. Cuando explotamos la naturaleza, continua e inconscientemente, reducimos nuestras posibilidades, oportunidades y motivación para salvar espacios como éstos.

¿Cómo podemos romper este ciclo negativo? Cuando creamos el interés, el espacio y el tiempo para estar en comunión con la naturaleza a un nivel más profundo; en vez de utilizar lo que ésta produce con descuido, nos reconectamos con nuestro entorno y con lo que recibimos de la naturaleza. Entre más practiquemos, más profunda será nuestra relación con ella.

En el siglo XVI, George Berkeley, un obispo anglicano y filósofo, presentó una teoría conocida como "inmaterialismo" que en esencia se reducía a su creencia de que en realidad no existen objetos materiales sino únicamente nuestra percepción de los mismos. A través de los siglos, sus indagaciones evolucionaron (o se sintetizaron) en una provocadora pregunta que se escucha con frecuencia en la actualidad: "Si cae un árbol en el bosque y nadie está presente para escucharlo, ¿emite algún sonido?"

Me gustaría proponer una pregunta metafísica todavía más profunda: "Si cae un árbol en el bosque, ¿aún se considera un árbol?" ¿Acaso un árbol deja de serlo en cuanto es arrancado de sus raíces? ¿Sigue siendo un árbol una vez que ha sido devorado por insectos que se alimentan de madera y hongos hasta que lo único que queda son sus restos mancillados? Para reflexionar sobre esta pregunta, consideremos que de un árbol fulminado por un rayo, partido a la mitad o cortado al ras del suelo por una sierra a veces puede brotar vida nueva. Para llevar a cabo este proceso, usualmente recibe ayuda de sus hermanos, así como de sus redes micorrizas y microbianas, transportando nutrientes a través de su intacto sistema radicular, protegiendo así no sólo su vida sino la integridad general del ecosistema. A veces empieza con un modesto retoño, pero con el tiempo un árbol nuevo podría ocupar su lugar.

Existen innumerables ejemplos de árboles y plantas que generan vida nueva a partir de una sola rama o incluso una hoja. Los sauces (*Salix* sp.), como aquellos que se encuentran cerca de la casa de mi abuela, son un ejemplo de esto. Después de años de cortarlos y retirarlos, siempre encuentran la manera de sobrevivir a partir de una rama abandonada. Quienes tenemos plantas caseras sabemos cuáles se enraízan con mayor facilidad que otras. Algunas suculentas, como *Sedum*, × *Graptosedum* y *Graptopetalum*, sólo necesitan una hoja, perfectamente recortada de la base del tallo, para producir una planta nueva. Y muchas plantas *Kalanchoe* y *Bryophyllum* llevan esto un paso más allá al formar copiosas plántulas clonales a lo largo de los márgenes de la hoja, que caen como plantas paracaidistas miniatura, equipadas con todo lo necesario para sobrevivir, siempre y cuando encuentren el terreno adecuado para subsistir que, como descubren quienes las siembran, puede ser casi cualquiera.

Pero supongamos que el árbol sacrificado se descompone en vez de generar vida nueva, ¿acaso ahora está muerto y ya no es un árbol? Si sus semillas permanecieran intactas en la copa al momento de ser cortado —digamos, por ejemplo, que se trata de un roble con bellotas, cada bellota poseería toda la información necesaria para producir un árbol nuevo. Sólo se requeriría una bellota... un árbol nuevo crecería a partir del viejo. Con el tiempo y bajo las condiciones apropiadas, múltiples bellotas podrían producir su propio bosque de roble —todo a partir de ese árbol "muerto".

Esto nos lleva a preguntarnos: los árboles, ¿cuándo dejan de serlo?, ¿el árbol pierde su cualidad de árbol en cuanto los cortamos con una sierra?,

¿o acaso es cuando su madera noble se transforma en palillos chinos, para utilizarse en una comida y luego tirarse con descuido?, ¿quiénes somos para decir que un árbol ha dejado de serlo?

Con el fin de realmente comprender la vida de un ser vivo —el alcance total de su existencia— debemos considerar su vida después de la "muerte", así como nuestro rol en ese proceso. Cuando vinculamos nuestros productos y acciones con su origen en la naturaleza, vemos que vivimos mucho más cerca de ella de lo que pensamos. En cierto sentido, comenzamos a escuchar la caída de ese árbol en el bosque a miles de kilómetros de distancia. Empezamos a darnos cuenta de que la naturaleza no hace más que dar y dar todos los días, ¿y nosotros qué le damos a ella?

Mira a tu alrededor. Las vigas, pisos, mesas, sillas, portarretratos, celosías, estanterías, joyeros y puertas de madera por las que pasamos cada día alguna vez fueron árboles con raíces que sortearon tierra y roca para elevar sus ramas y hojas hacia el sol. Las sábanas de algodón que nos cubren por la noche probablemente son resultado de una red internacional de negocios creados alrededor de las plantas: semillas esponjosas cosechadas, cardadas, peinadas, hiladas, tejidas y diseñadas en Estados Unidos, China, India o más de una docena de países alrededor del mundo. Incluso nuestras camisas de poliéster provienen de depósitos de algas antiguas atrapadas bajo la superficie de la tierra, como la mayoría del combustible que alimenta nuestros vehículos y calienta nuestros hogares. El hule que se utiliza, entre muchas cosas, como aislante o para la elaboración de neumáticos, proviene de árboles originarios de China, Tailandia, Indonesia y Vietnam. Nuestra ropa interior podría estar hecha de rayón, que se despulpa de los bosques de Canadá, Europa o Asia. Todas las lociones, ungüentos, bálsamos y aceites que utilizamos para limpiar y suavizar nuestra piel tienen su origen o han sido sintetizadas de alguna manera a partir de la química única de una planta.

Eso no es todo. El café que nos ayuda a activarnos por la mañana, el té que nos tranquiliza por la noche y el vino o la cerveza que bebemos para relajarnos —todos provienen de las plantas. Los aceites que se emplean para elaborar velas, jabón o para remojar el pan en un restaurante italiano se obtienen a partir de semillas de algodón, frutas de palma y aceitunas. Los alimentos que ingerimos para nutrirnos —desde manzanas, farro, arroz integral y calabacitas— incluso aquellos que consumimos por puro placer (como el jarabe de maíz alto en fructosa) dependen de las plantas para su elaboración. Aunque te autoproclames el mayor consumidor de carne en el planeta, sin duda comes plantas de manera indirecta: ¿el ganado del que proviene la carne que ingieres se alimenta de plantas o granos?, ¿come pasto o alimento orgánico? Eres lo que comes, y lo que comes es aquello de lo que se alimenta.

Esto es más que un ejercicio de reflexión. Se trata de replantearnos la idea de lo que constituye un "recurso natural". Por ejemplo, pensemos en el carbón. Cuando hablamos de recursos como ese, nadie lo considera una planta. Casi todos aprendimos a verlo en términos económicos —como un "combustible fósil" que alimenta nuestros vehículos y calienta nuestros hogares. Pero el carbón es una planta que simplemente cambió de forma, intercambiando moléculas por minerales a consecuencia de la presión y el tiempo. Es una forma de vida con su propia historia que contar —a nivel individual y como parte de una comunidad más amplia.

Cuando pensamos en ello, ¿acaso no nos sorprende la voracidad con que extraemos y quemamos organismos descompuestos de eras pasadas para hacer funcionar nuestro reloj, computadora o consola de videojuegos? Sobre todo si tomamos en cuenta que cada planta viva hoy y en el pasado ha descifrado la manera de vivir a partir de la energía solar —la fuente de energía más limpia y confiable en el planeta. Quizá no se vean obstaculizadas por intereses especiales y políticos, pero ¿acaso no hay algo que podamos aprender de ellas y su sabiduría milenaria?

Si nuestra cosmovisión fuera distinta, tal vez consideraríamos los restos fósiles de las plantas objetos sagrados. En vez de ser una fuente de energía, una pepita de carbón de 350 millones de años —compuesta de los restos de plantas y animales extintos ricos en carbono— podría contemplarse como una pieza de exhibición en un museo. De igual manera, el fracking podría verse como algo demasiado invasivo, destructivo e imposible de realizar.

Las plantas, en sus ambientes nativos, cuidan de nosotros sin requerir que nosotros cuidemos de ellas. Lo hacen con tal habilidad, inmaterialidad y gracia que su prodigioso trabajo es todo menos invisible —y eso es algo que con frecuencia damos por hecho. Cuando comienzas a apreciar las plantas por encima de su naturaleza estética o utilidad, te adentras en su mundo y buscas decodificar su infinita "sabiduría" natural, adquieres una perspectiva totalmente distinta sobre las mismas —no sólo lo que pueden hacer por nosotros sino también lo que pueden enseñarnos.

> Soy maestro de preparatoria. Creé mi propio curso de agricultura y jardinería. He visto un cambio drástico en el comportamiento de mis estudiantes y en mí mismo. Me encanta mostrarle a la gente cuán benéficas y esenciales son las plantas y la naturaleza para lo que significa ser humano. —John Sotiriadis

> Recoger las hojas marchitas de mis plantas me recuerda que cada ser vivo tiene un final, que la muerte realmente es una ocurrencia universal. Que aunque esa flor de hibisco sólo dure un día, cumplió su propósito. La aceptación de perder una planta también me ayudó a aceptar la muerte de mi mejor amiga. Hace tangible el ciclo de la vida. —Sarah Solange

> Me encantan todos los pájaros y demás animales silvestres que atraen mis flores de exterior. Saber que mi jardín mejora un espacio y lo vuelve disfrutable para mí y otros animales me hace sentir muy bien. —Pia

Perspectiva de una planta:
se trata de integridad, no de perfección

Puede parecer contraintuitivo, pero muchas veces las plantas tienen una vida más compleja que la nuestra. Hablé sobre "el más allá" de las plantas con Allan Schwarz, fundador del Centro Forestal Mezimbite en Mozambique.

—Como seres humanos, al morir, simplemente nos incineran o nos entierran y nos descomponemos bajo la tierra. Algunos de nosotros tenemos hijos, lo cual supongo mantiene vivo nuestro ADN por poco más de setenta años (la esperanza de vida actual). Sin embargo, los árboles... —Allan hace una breve pausa, como si visualizara todos los árboles que ha plantado, rescatado y sacrificado a lo largo de los años—. Algunos se descomponen, con lo cual alimentan a los animales salvajes; algunos producen muchas semillas para perpetuarse; y otros dejan su madera de larga duración.

Visité a Allan en su organización de desarrollo sustentable a las afueras de Beira en Mozambique. Arquitecto de profesión y experto artesano, Allan se convirtió en conservacionista forestal cuando vio cómo los árboles en los bosques sudafricanos donde creció eran talados sistemáticamente y enviados al extranjero.

—No hay razón para que una tierra tan rica como Mozambique —dijo alguna vez en referencia a la riqueza de sus recursos naturales— sea tan pobre como lo es.

Su teoría era que la pobreza causaba la destrucción forestal, así que se dispuso a remediar esto de la forma en que mejor sabía hacerlo: mediante el trabajo con la madera.

Poco después de la guerra civil de ese país africano, consiguió un arrendamiento de terrenos por noventa y nueve años en la provincia de Sofala y abrió una tienda de conservación forestal y carpintería con la idea de entrenar a los artesanos no sólo a apreciar y trabajar con la madera, sino también a restaurar los bosques y sanar la tierra y a la gente.

—Un producto del bosque o del campo, ya sea el aceite de un coco, las semillas de sésamo o la tabla de un árbol, aún contiene un poco del lugar de donde vino —afirma Allan—, sobre todo si respetas su naturaleza y sigues siendo un buen guardián de la tierra.

Los productos de Allan son reflejo del esmero que les pone. Sus comestibles, en su mayoría comercializados en el mercado local, se producen con la más alta integridad. Incluso los aceites, tras su extracción, se elaboran con sumo cuidado a fin de evitar la desnaturalización de las enzimas, lo cual permite que se conserven los beneficios de las plantas de las cuales se obtienen para las personas que los consumen. Sus productos de madera, que son torneados y tallados a mano, también se conceptualizan y diseñan con cuidado para revelar la naturaleza única del árbol del que provienen, así como sus vivencias. Por ejemplo, si hay una inconsistencia en la madera, como una cuarteadura o un agujero, no se desecha. En cambio, se repara con una puntada de mariposa o se corta un pedazo más pequeño de madera con meticulosidad para cubrir el agujero. El color, brillo, dureza, peso, patrón de crecimiento y grano de la madera —este último es tan único como una huella digital— revelan la naturaleza del árbol e incluso sirven como una ventana hacia su vida pasada.

Ahora compartiré un ejemplo de cómo la observación de los patrones de crecimiento de un árbol puede revelar más acerca de su historia. Mientras caminaba por la orilla de uno de los acantilados verticales más altos en Tailandia para acompañar a un botánico local a documentar especies de plantas raras, advertí cuán enredados y torcidos estaban los árboles, como nudosos dedos artríticos que sobresalían de la ampollada tierra. Los árboles que crecen en espiral indican que crecieron, o han crecido, en zonas elevadas o en crestas ventosas, y la forma sinuosa que adoptan podría ayudarlos a ser más flexibles en caso de exponerse a fuertes vientos y nieve. Los árboles que no presentan anillos de crecimiento, como los de Mozambique, indican que provienen de zonas tropicales que carecen de estaciones, mientras que los que sí poseen anillos de crecimiento podrían indicar que el árbol creció en un clima con temporadas, como los robles y arces de mi estado natal de Pennsylvania. Es más, los anillos de crecimiento revelan algo acerca del pasado del árbol: los anillos anchos y espaciados de manera uniforme indican que el árbol creció en un lugar con buen clima; los anillos angostos revelan tiempos más difíciles tal vez una sequía o incluso la presencia de una plaga de insectos; y las marcas oscuras podrían indicar que el árbol sufrió magulladuras a causa de un incendio o un rayo. Al igual que en un libro de historia o en un diario, toda esta información se registra en los restos del árbol. Cuando se trabaja con la madera de un árbol conservando su integridad, no se "pierde" su historia sino que se integra a la pieza final y entra en la vida de quien se la lleve a casa. Esto agrega una nueva dimensión y cercanía invaluables en nuestra relación con las plantas, las cuales descubrimos cuando las sentimos. Así como llegar cada noche a tu casa y cenar en la misma mesa desgastada de roble que tus abuelos tenían en la cocina de su casa te recuerda la calidez y el amor de la familia y las imágenes de sus rostros alrededor de la mesa, observar la madera gastada del roble y las inconsistencias en su textura también te acerca a ese valiente árbol que creció junto a otros, soportando tormentas y termitas, y que ahora mejora tu vida silenciosamente en el corazón de una bulliciosa ciudad.

Los japoneses tienen una filosofía estética conocida como *wabi-sabi*, que se ve reflejada en la filosofía de Allan, a la cual se refiere como "zen africano". En esencia, es una visión que acepta que la belleza puede ser imperfecta, transitoria e incompleta. En este sentido, la perfección idealizada no existe. En vez de juzgar un pedazo de madera por su nivel de perfección —digamos, una tabla con una textura suave y carente de imperfecciones—, un artesano que practica la filosofía *wabi-sabi* encontraría la belleza en cada tabla, aceptando que puede estar deforme, anudada o agujereada. Entonces, el artesano trabajaría con las inconsistencias, lo cual no sólo lo convertiría en alguien mejor y más hábil —un verdadero aprendiz del mundo natural— sino que también conservaría la naturaleza e integridad de la madera. De cierta manera, el artesano trabaja en armonía con la madera, develando las sutilezas de su ánimo y, como resultado, buscando contar la versión más fidedigna de su historia.

Esta idea puede parecer algo absurda y más teórica que práctica. No obstante, reside allí mismo, en nuestra relación con cualquier planta que hayamos regado durante una o dos temporadas:

> Las plantas me enseñaron que la vida no es perfecta. Al igual que ellas, yo también puedo enfermarme, perder una hoja o encorvarme un poco, pero eso no me hace ser menos humana. Cuando tengo un mal día, mis plantas me recuerdan que todo está bien. Porque una planta no se define por una hoja muerta y eso también aplica en mi caso. —Amy von Fisher

> He aceptado el hecho de que las plantas que compro en la tienda cambiarán de apariencia a medida que crezcan. Algunas se volverán greñudas, otras zanquilargas y otras pelonas. Podemos cortarlas y podarlas para echarles una mano, pero en la mayoría de los casos cambiarán, como lo hacemos todos. —Jocelyn C.

> Una amiga de mi madre me regaló un bonsái con motivo de mi graduación y en verdad amé su apariencia. No era "perfecto", pero su estructura, la forma en que sus ramas se curvaban hacia un lado, lo hacía mucho más interesante. Cuando me mudé a mi primer departamento, lo coloqué sobre el alféizar de la ventana y a menudo me preguntaba sobre el árbol y por qué crecía de esa forma. —Sully

> Un accidente automovilístico hace algunos años me dejó con dolor crónico, por lo que ahora paso mucho tiempo en interiores. Poco tiempo después, comencé a coleccionar plantas caseras para

enfocar mi atención en una actividad positiva. En realidad no sabía mucho de plantas, así que simplemente improvisé, aprendiendo en el camino. Algunas plantas, las que se encontraban lejos de mi ventana, se estiraban y doblaban hacia la luz. Otra comenzó a aferrarse a mi gabinete de madera y se convirtió en un verdadero monstruo. Las plantas que tengo me mostraron su determinación por convertirse en la mejor versión de sí mismas de cara a la situación que enfrentaban, lo cual me animó a ser más proactiva con mi condición médica. Aunque aún sufro de dolor crónico, comencé a practicar yoga y fisioterapia, así como pequeñas caminatas para mejorar mi calidad de vida. —Libby

Perspectiva de una planta: proceso, no producto; seres, no cosas

Quizá nuestra visión sobre las plantas ha estado limitada por la forma en que hemos (o no) aprendido a hablar de ellas. Los budistas zen ven el lenguaje mismo como una de las máximas limitantes al entendimiento profundo: *furyū monji* es una frase que significa "sin depender de las palabras o letras", lo cual denota que la palabra hablada nunca podrá transmitir la experiencia absoluta de la realidad.

Nunca había reflexionado mucho sobre cómo el lenguaje conforma nuestras experiencias, sentimientos y percepciones de la naturaleza, así como nuestra relación con ella, hasta que mi amigo Randy Hayes, fundador de Rainforest Action Network, hizo referencia a la palabra *padapa*, que en sánscrito significa "árbol" y que literalmente se traduce como "beber a la altura de los pies" o "beber con los pies".

¿Qué imágenes vienen a tu mente cuando piensas en "beber con los pies"? Quizás imagines las raíces vivas, conectadas a la tierra, absorbiendo la humedad, la cual asciende a través de todo el árbol hacia las ramas y hojas.

Randy explicó esta idea más a detalle:

—Un árbol no existe en aislamiento. Cuando esto sucede, es porque ha sido talado y ahora se llama "madera". Cuando el árbol está vivo, existe un nutriente y un ciclo de agua que ascienden [desde las raíces hasta las hojas]. El árbol bebe agua de la tierra y *evapora/transpira* mediante las hojas que eventualmente forman nubes, que liberan la lluvia, que es absorbida por la tierra y sube [hacia el árbol] otra vez.

El punto de Randy es, ¿estaríamos dispuestos a mutilar un árbol, un ser animado que "bebe con los pies", si tuviéramos un lenguaje que lo describiera de esa manera?

Sin duda, se trata de una hermosa metáfora y una idea sobre la cual vale la pena reflexionar. Larry McCrea, profesor de sánscrito en la Universidad de Cornell, explicó que ese idioma permite crear nuevas palabras con total libertad, siempre y cuando se utilicen los bloques básicos de construcción del lenguaje. Por lo tanto, cualquiera podría crear nuevas palabras para describir un sentimiento, un objeto o el mundo mismo.

Esta cualidad fluida, poética y procesual no se limita al sánscrito. Las lenguas de los indios americanos, como los idiomas algonquinos ojibwe y potawatomi, son igualmente flexibles o polisintéticos. En un lenguaje "polisintético", como me lo describió Autumn Mitchell, nativa ojibwe, las palabras más cortas pueden unirse para formar palabras más largas.

—En inglés, formamos enunciados con las palabras —explicó—. Sin embargo, en los lenguajes polisintéticos como el ojibwe, formamos grandes palabras. —Esto significa que una oración completa puede consistir de una sola palabra muy larga, pero esa palabra estará colmada de significado: "pay de manzana" podría describir la forma en que se cultiva la manzana, de dónde es e incluso quién la recolectó.

Asimismo, cada lenguaje tiene distintas cualidades verbales, que denotan procesos; y sustantivos que denotan productos o cosas. En su libro *Braiding Sweetgrass*, la botánica y miembro del pueblo potawatomi, Robin Wall Kimmerer, comparte que 70 por ciento del idioma potawatomi está compuesto de verbos, mientras que el inglés sólo se compone de 30 por ciento de verbos y se enfoca principalmente en los sustantivos, algo que resulta adecuado en una cultura altamente enfocada en las "cosas", comentó sabiamente.

Autumn Mitchell confirmó que esto es muy similar en ojibwe:

—Los sustantivos se forman [al darle] a un verbo una de dos terminaciones. Las terminaciones para personas o seres —y las plantas entran dentro de esos "seres"— poseen terminaciones animadas. Otros objetos, como un tazón, serían inanimados. Entonces, en lugar de tratarse de un lenguaje de "género", como el español, tendrías algo que se diferenciaría por estar vivo o no vivo. Para nosotros, los [ojibwe], muchos objetos que los angloparlantes consideran inanimados son animados.

Sin embargo, no todas las culturas ven los objetos como inanimados. En el sintoísmo, la religión de Japón, ciertos objetos inanimados, como un tazón de madera —sobre todo uno elaborado por un artesano venerado— podría poseer *kami*, que más o menos se traduce como "un espíritu de la naturaleza". Ésta es la razón por la cual los japoneses tradicionalmente decoran algunos lugares con *shimenawa*, una cuerda sagrada, o instalan un *kamidana*, un altar miniatura para consagrar al *kami* en su hogar. Se dice que un tipo de árbol conocido como *yorishiro* atrae y alberga a los espíritus del hogar y con frecuencia se ata con una cuerda. Talar estos árboles sólo traería infortunios.

Considerar la forma en que piensan y se expresan otras culturas me dio una nueva perspectiva sobre cómo incluso el lenguaje que aprendimos de nuestros padres puede conformar nuestra relación con la tierra y las plantas que habitan en ella. Con frecuencia, a lo largo de muchos años de estar inmersa en la naturaleza, cerré los ojos e intenté imaginar lo que significaría ser un árbol. Pero ahora, a raíz de estas conversaciones, me pregunté qué sucedería si modificaba una palabra: ¿qué implicaría ser una persona que "bebía con los pies"? Bueno, reflexioné, nacería y me casaría con la tierra fresca del planeta, comunicándome silenciosa e invisiblemente con mis vecinos. Mis raíces no sólo conversarían con las otras raíces de mi especie sino que también serían capaces de traducir y trasladarse a otros organismos como bacterias y hongos. Mis hojas y corteza quizás harían lo mismo con los insectos, ya sea al atraerlos o alejarlos. Me comunicaría con el cielo, proporcionándole oxígeno y vapor de agua a fin de que tanto yo como el resto de los seres que beben con los pies en la cercanía tuviéramos una fuente constante de humedad proveniente del cielo a través de la capa de nubes y la precipitación para conservar mi existencia a fin de madurar y proveer al lecho forestal de algunas semillas apostando por su posible propagación; luego me despojaría de mi corteza y ramas lenta y silenciosamente hasta que mi cuerpo reencontrara su camino a la tierra, mis orígenes, pero esta vez como *adamah* y *hava* ("tierra viva" en hebreo), un regalo no sólo para la humanidad —sino para todos los seres.*

AHORA HAZ UNA PAUSA. ¿CUÁNTAS PLANTAS SE ENCUENTRAN A TU ALREDEDOR EN ESTE MOMENTO? ¿AUMENTÓ ESTA CIFRA DESDE QUE CONTASTE POR PRIMERA VEZ?

EJERCICIO PARA COMENZAR A SEMBRAR: ASOCIACIÓN

1. Elije un objeto elaborado a base de plantas que tengas en casa; por ejemplo, una mesita para el café, tu playera favorita o una bolsa de té. Es probable que desconozcas su origen, pero tómate un momento para pensar cómo habrá sido la vida de esa planta antes de que adoptara la forma que

---

* La historia de Adán y Eva deriva de las palabras en hebreo *adamah*, que significa "barro rojo" o "tierra", y *hava*, que significa "vivo". En conclusión, nacieron de la "tierra viva".

tiene ahora. La etiqueta del producto podría indicar el lugar donde la planta se transformó en la mesita que utilizas cada mañana durante el desayuno, la primera playera que te pones en la mañana o el té que bebes. Si conoces el tipo de madera con que se elaboró puedes investigar en qué lugares crece y el clima que prefiere. Tal vez aprendas sobre métodos de carpintería tradicionales o la travesía que recorren las prendas al atravesar el mundo de camino a tu clóset y las complejidades antiguas de preparar el té. Crear estas narrativas sobre nuestros objetos nos ayuda a reflexionar sobre la conectividad del mundo, nos recuerda cuán profundamente integrados estamos en la naturaleza y nos anima a ser más conscientes sobre cómo vivimos y con qué elegimos rodearnos.

5

HISTORIA HUMANA DE LAS PLANTAS CASERAS

¿Acaso no comparto mi inteligencia con la tierra? ¿Acaso una parte de mí
no está hecha de hojas y moho vegetal?
—Henry David Thoreau

. . . .

*Las plantas son vida. Me encanta cuidarlas y devolverle un poco a la
tierra... Al verlas crecer y atenderlas, he empezado a conectarme
con ellas; no podría imaginar mi vida sin plantas.*
—Cheyenne

En este punto espero haberte convencido de que cultivar tu propio espacio verde —dondequiera que residas— dotará tu vida de beneficios, desde una mejor salud mental hasta una mayor reserva de conciencia y compasión. Pero, ¿por dónde empezar?

Como sucede con cualquier cosa nueva, es bueno comenzar poco a poco. La mayoría de las personas no piensa de esta manera, sin embargo, el hecho es que si te dedicas a cuidar con dedicación y a aprender de una sola planta, estarás en el camino correcto para convertirte en un jardinero experto. En su libro *Hábitos atómicos*, James Clear explica cómo los hábitos construyen nuestra identidad. A menudo nos enfocamos demasiado en los resultados, como llenar nuestra casa de plantas. No obstante, esta mentalidad es incorrecta, nos dice.

—Mucha gente inicia el proceso de modificación de hábitos al enfocarse en lo que quiere conseguir (*qué*). Esto genera hábitos basados en resultados. La alternativa es construir hábitos basados en la identidad. Con este enfoque, comenzamos por encaminarnos en la persona (*quién*) en que nos queremos convertir.

Al igual que Clear, con frecuencia le digo a la gente que sin importar cuán emocionante sea alcanzar la cima de la montaña —metafóricamente hablando—, lo que vale la pena y resulta más satisfactorio es el viaje. Es a través de ese recorrido que aprendemos a superar las adversidades y practicar la resiliencia. Si simplemente llegaras a la cima de la montaña en un helicóptero, aunque disfrutarías de la vista, habrías renunciado a toda la experiencia ganada durante el trayecto a la cima. Al iniciar esta aventura, desarrollarás habilidades transferibles a la vida cotidiana que, a su vez, formarán parte de una rutina saludable. Así que la mejor forma de establecer una rutina —y, por ende, una identidad como jardinero— es cuidar, observar y alimentar a una sola planta y crecer a partir de ahí. Esto significa que no es necesario enfocarse en la estética —no tienes que apresurarte por llenar tu hogar de plantas, abrir una cuenta de Instagram o lamentarte porque tu casa aún no se parece a los tableros más frondosos de Pinterest. Lo que importa es la travesía. Los resultados serán tan emocionantes como ver florecer una planta particularmente desafiante.

Quizá te preguntes: ¿acaso una sola planta puede convertirme en jardinero? Como hemos dicho antes, una sola hoja nunca reemplazará la belleza del otoño; y una planta casera nunca sustituirá la belleza y grandeza de un ecosistema intacto. Aunque es probable que esta idea les resulte absurda a algunos lectores de este libro, sobre todo a aquellos que se han sentado junto al alféizar de la ventana para cuidar sus plántulas, que han construido un arriate elevado con sus propias manos, que han transportado montones de composta a un lecho de vegetales y que han llorado la pérdida de una cosecha de lechuga a manos de un grupo de babosas. Sin embargo, la realidad es que entre menos tiempo pasamos con la naturaleza, menos interactuamos con ella, así que la mejor forma de entablar esta conversación —o mantener esa conexión con el mundo natural— podría ser a través de algo tan humilde como una planta casera. Muchas personas en mi comunidad lo han comprobado:

Crecí con un padre que me mostró la naturaleza y encontré paz al aire libre. Luego descubrí que rodearme de plantas en casa me produce la misma sensación que caminar descalza en el bosque y me permite nutrir aquello que de otra forma no podría. —Aurelia L.

Las plantas han sido una constante en mi vida puesto que crecí en una granja y mis padres eran ávidos jardineros. Sin embargo, cuando me mudé a la ciudad, estaba un poco perdida. Caí en depresión y padecí ansiedad durante cinco años; sentía que no tenía pasatiempos ni rumbo. No fue sino hasta el año pasado que descubrí lo satisfactorio que resulta cuidar una planta casera... Ahora estudio naturopatía y, para mí, esa conexión con la naturaleza es fundamental para una buena salud mental y física. Me percaté, y cada vez me doy más cuenta de ello, ¡de que esto es lo que nos hace falta a todos en la vida! —Sophie

Después de mi divorcio estaba agotada y a cargo de cuatro hijos. Comencé a correr descalza, pues estar en el bosque y rodeada de la naturaleza me revitalizaba. Por desgracia, durante una de esas sesiones sufrí una lesión en la columna vertebral y a partir de ese momento me fue imposible pararme o caminar por más de unos minutos. Correr, o ir al bosque, quedó fuera de mis posibilidades. Luego me volví aficionada a las plantas caseras y decidí que, si no podía ir a la jungla, ¡traería la jungla a mí! Ahora me hago cargo de unas cincuenta plantas. Me hace tan feliz. ¡Me siento viva otra vez! —Tamara

Estos mensajes que recibo de mi comunidad revelan una verdad reconfortante: que la relación entre un jardinero y sus plantas de ninguna manera es unidireccional. Sí, introducir plantas a nuestros hogares requiere nuestra consideración y cuidado, pero las plantas tienen una forma silenciosa e intuitiva de devolvernos ese amor. Entonces, dentro de la identidad del jardinero reside un punto de contacto para conseguir la paz interior.

Permítame señalar lo obvio: la noción de "planta casera" es un constructo humano —algo que inventamos al comenzar a construir nuestras viviendas de cuatro paredes. Aunque la idea de la planta "domesticada" es relativamente nueva, la de cultivar plantas raras o interesantes no es ninguna novedad para los humanos. Esto significa que el cuidado de las plantas ha permanecido casi inalterado durante milenios. Quizás una mirada retrospectiva a nuestra historia con las plantas podría revelar información crucial de manos de nuestros antepasados.

Reclamar un pedacito del Edén

Los primeros jardineros de la historia fueron en su mayoría mujeres. Ya en el año 10,000 a. C., las mujeres eran quienes buscaban y recolectaban alimentos del bosque intuyendo qué plantas cubrirían sus necesidades, entre las cuales se encontraban plantas comestibles, ceremoniales y medicinales. Dependiendo del lugar que se investigue, los hombres tampoco se encontraban muy lejos del bosque, donde lo más probable es que ayudaran a despejar la tierra y, en algunos casos, hasta cuidaran algunas cosechas. Por ejemplo, en algunas culturas tradicionales del Amazonas, los hombres se han encargado de cuidar el cultivo de la coca (*Erythroxylum* sp.) mientras que las mujeres se han hecho cargo de la yuca (*Manihot esculenta*) —dos de los cultivos "masculinos" y "femeninos" más importantes.

Cuando algunas culturas dejaron de ser nómadas, la jardinería se volvió más popular. Los primeros jardines fueron creados por necesidad, pero a menudo también tenían implicaciones profundamente espirituales; todo poseía una riqueza significativa y metafórica, desde el origen de las semillas hasta la dirección en que se sembraba un jardín. Con frecuencia, un jardín trazaba la cosmología y los orígenes de una cultura, con lo cual promovía la determinación, la identidad y la gratitud entre los miembros de una sociedad. En el caso de la coca y la yuca que mencioné, el patrón que comúnmente se utiliza para sembrarlas implica una relación entre el hueso y la carne, donde la coca se asemeja a un esqueleto humano y la yuca es la piel que la cubre para formar un jardín circular.

Algunos de los jardines más exquisitos surgieron en Asia. Los jardines chinos eran paisajes épicos encargados y utilizados por algunas familias reales, y existe evidencia documental de que estos espacios verdes existen desde hace unos 3,600 años. Más tarde, esos jardines inspirarían el arte de la jardinería japonesa. Sin embargo, el origen de las plantas caseras puede remontarse a más de 3,500 años, grabado en piedra por los antiguos egipcios, asirios y sumerios. Aunque la existencia de los jardines colgantes de Babilonia, un jardín escalonado casi mítico considerado una de las siete maravillas del mundo antiguo, ha sido ampliamente debatida debido a una falta de evidencia arqueológica, Stephanie Dalley, asirióloga en la Universidad de Oxford, ha presentado algunas pistas arqueológicas e históricas convincentes de que los jardines sí existieron. Dalley propone que se ubicaban a 547 kilómetros al norte de Babilonia en Nínive y que fueron construidos y desarrollados por Senaquerib, un rey asirio que reinó entre 705 y 681 a. C. Pese a que una buena parte de la zona, localizada cerca de la tumultuosa ciudad de Mosul, fue destruida, los grabados que representan el jardín, uno de los cuales se encuentra en el Museo Británico, despertarían la imaginación de cualquier amante de las plantas. El estilo arquitectónico del área habría sido abovedado o tipo estadio entreverado con plantas pendulares, huertos repletos de fruta y árboles monumentales, creando así un impresionante paisaje vegetal arquitectónico interior y exterior del cual sólo conocemos una aproximación en los diseños e innovaciones verdes de los edificios modernos de Singapur. No exagero al decir que las primeras plantas caseras eran demasiado bellas para ser reales.

Los imperios griego y romano también adoraban las plantas y es probable que hayan practicado la jardinería en macetas y jardineras para rendir culto a sus dioses. También existe evidencia documental de que el primer "invernadero", conocido como *specularium*, fue desarrollado durante el reino del emperador romano Tiberio (42 a.C.-37 d.C.). En esa época no existía el vidrio laminado, por lo que el invernadero fue fabricado con pequeñas hojas traslúcidas de mica y se mantenía caliente con excremento animal y fogatas encendidas a los costados del edificio. Así, Tiberio conseguía tener frutas durante todo el año, aunque se dice que Séneca, un filósofo romano, condenaba su comportamiento, pues creía que obligar a las plantas a dar frutos y florecer atentaba contra la naturaleza.[1] Tras la caída del imperio romano, es probable que hayan sido monjes en jardines enclaustrados quienes continuaran la tradición de plantar tanto en interiores como en exteriores, priorizando las variedades medicinales.

En los siglos XVI y XVII surgieron verdaderos cazadores de plantas en Europa, generados por los deseos de reyes y reinas de llenar sus jardines, de manera muy similar a Senaquerib 2,400 años atrás. El primer invernadero de madera también se construyó alrededor de esta época por Jacob Bobart, el joven (1641-1719), en el jardín botánico de la Universidad de Oxford en 1670, el cual se mantenía caliente mediante la quema de canastas de carbón.[2] Algunos invernaderos subsecuentes se mantenían calientes con estufas, lo cual les confirió a las plantas que crecían en esas condiciones el apodo "plantas de estufa". En este momento histórico comenzaron a surgir textos sobre plantas medicinales del Nuevo Mundo y la riqueza floral de los mundos "sin descubrir"; también se compilaban extensas colecciones de herbarios para documentar el descubrimiento de nuevas especies de plantas.

Me interesaba saber cómo se había documentado y discutido nuestra relación con las plantas a lo largo del tiempo, así que tomé un camión al norte del estado de vuelta a mi alma máter, la Universidad de Cornell. Cuando estudiaba ahí, nunca pasé tiempo en el herbario Liberty Hyde Bailey, pero lo hubiera hecho de haber sabido cuán maravilloso era. Durante mi visita, me reuní no sólo con los biólogos especializados en plantas y doctores William Crepet y Anna Stalter —la curadora asociada y botánica de extensión del herbario—, sino también con Peter Fraissinet, curador asistente y bibliotecario.

El herbario Bailey, nombrado así en honor al intrépido botánico, taxonomista y horticultor Liberty Hyde Bailey, alberga una colección de libros y revistas de botánica cuya gran mayoría formaba parte de la propia biblioteca de Bailey antes de su muerte. Desde su fundación, la colección ha sumado aproximadamente 30,000 volúmenes, 200 revistas y 900,000 especímenes botánicos albergados en un herbario.

Dentro del herbario seguí con mucha atención a Anna, cuyo cabello color sal y pimienta le hacía juego a su blusa con motivos florales grises y blancos. Caminamos por hileras de azulejos bordeados por acero gris —gabinetes de herbario colocados a lo largo de toda la sala—, mientras sus cómodas sandalias y mis tenis emitían un sonido de arrastre cada vez que nos deteníamos a leer los nombres que aparecían en los gabinetes.

Anna giró las enormes manijas negras de los gabinetes y extrajo con cuidado página tras página de especímenes botánicos. Las plantas exhibidas, que a menudo se prensan para revelar sus características morfológicas básicas, poseen placas con su nombre científico, su lugar de recolección y el nombre de la persona que las recolectó. Si el recolector había sido minucioso y cuidadoso, entonces incluía otra información detallada —como la forma en que crecía, dónde y cualquier otra característica especial de la planta y sus alrededores. Me mostró delicados helechos recolectados al norte de Nueva York; cactus aplanados con todo y espinas provenientes de Ecuador; flores comprimidas por jóvenes estudiantes —en una época en la que la botánica era considerada una materia de importancia en las escuelas; e incluso hermosas plantas recuperadas de los viajes del capitán Cook durante el siglo XVI. Tras observar todos estos especímenes, me di cuenta de la alegría que debieron experimentar muchos de los coleccionistas al realizar sus descubrimientos —sin mencionar los extremos a los que llegaron para encontrar, documentar, entender y compartir el maravilloso mundo de las plantas con el resto de la humanidad (desde luego, ¡conozco el sentimiento!).

Las colecciones de un herbario se catalogan por el nombre de cada familia de plantas, así que le pedí a Anna que me mostrara la familia *Araceae*, que incluye géneros como *Philodendron* y *Monstera* —dos plantas caseras populares. Nos abrimos camino entre los pasillos monocromáticos mientras Anna escaneaba los nombres de los gabinetes.

—Aquí está —dijo alegremente.

Extrajo una caja de páginas de archivo color crema, las cuales estaban hinchadas y dobladas debido a que durante años los botánicos intentaron presionar frutas de gran tamaño e inflorescencias entre ellas. Podía percibir el olor a naftalina, la cual fue utilizada en el pasado para conservar especímenes de cualquier insecto errante. Pedí ver una *Monstera punctulata*, una planta originaria de México y Centroamérica que destaca por las profundas fenestraciones o "ventanas" en sus hojas. El espécimen, que habían recolectado en un árbol que crecía al costado de una calle de acuerdo con las notas del coleccionista, apenas cabía en una página, doblada sobre sí misma —la cual crujía como un traje excesivamente almidonado y andrajoso. Fue recolectada por "G. S. Bunting" el 21 de septiembre de 1961. Más tarde descubrí que el coleccionista era George Sydney Bunting, un botánico que falleció en 2015, reconocido por su extenso trabajo sobre aráceas cultivadas, una familia de plantas que incluye los géneros *Philodendron*, *Monstera* y otras variedades comunes de plantas caseras como *Aglaonema* y *Spathiphyllum*. Podía imaginar la emoción que experimentó el botánico al divisar la planta. Podía escucharlo gritar "¡Detengan el auto!" antes de orillarse en la carretera para escalar la pendiente y recolectarla. Sin duda es el mismo tipo de emoción que yo —y muchos otros— experimentamos cuando vemos y descubrimos una planta nueva por primera vez.

Anna y yo continuamos con la examinación concienzuda del herbario. Por supuesto, ella estaba familiarizada con cada planta, pero al observar sus expresiones resultaba evidente que no se cansaba de mostrarlas. Me imagino que parte de su entusiasmo era reflejo de la emoción y el aprecio desenfrenado por parte de la persona a quien le daba el recorrido. Se detuvo en un gabinete con cajones y extrajo una caja que era lo suficientemente grande como para almacenar los zapatos de un jugador de básquetbol. En algunos casos, ciertas semillas y otros artículos resultaban difíciles de presionar entre sus páginas bidimensionales, por lo que requerían un hogar más amplio. Aquí, dijo, se encontraba la semilla del árbol *Lodoicea*, endémico de las islas Seychelles. La semilla, semejante a un trasero color marrón (si se me permite el descaro), es la semilla más grande del mundo. La planta que produce esta semilla era conocida como *coco de mer*, o coco del mar, porque los exploradores veían flotar dichas semillas en el océano a kilómetros de la tierra y concluyeron que crecían en árboles ubicados en una capa de la tierra bajo las profundidades del océano. Quedé asombrada ante el tamaño y la estructura de la semilla.

Aunque estas colecciones pueden parecer anticuadas y desvinculadas de la época actual, han demostrado ser sumamente útiles para una serie de disciplinas. No sólo conservan una pieza de nuestra historia botánica, sino que también ayudan a los botánicos y científicos de la actualidad a analizar rangos geográficos anteriores de ciertas especies de plantas para entender cuánto hábitat se ha ganado o, en la mayoría de los casos, perdido a lo largo del tiempo. Además, los científicos pueden utilizar los especímenes para identificar plantas o resolver disputas taxonómicas, que invariablemente suceden. Adicionalmente, los especímenes de un herbario constituyen una fuente de ADN que los científicos pueden extraer para sus estudios. Por último, los especímenes también sirven como una referencia útil para cualquier jardín botánico, cultivador y dueño de plantas caseras que quiera consultarlos cuando desee conocer las condiciones óptimas de crecimiento de una planta. Si alguna vez tienes la oportunidad de visitar un herbario lo recomiendo ampliamente, pues es como entrar en un museo de riqueza vegetal que te brinda la oportunidad de ponerte en los zapatos del botánico o explorador que recolectó, documentó y prensó la planta.

Por supuesto, no todas las plantas terminan comprimidas entre las páginas de un libro o revista; el destino de algunas es distinto —como jardines

botánicos e invernaderos de coleccionistas, huertos y colecciones priva-
das— y, en algunos casos, son predecesoras de línea directa de las plantas
que sembramos hoy en día.

—Yo tengo esa *Rhaphidophora cryptantha* —le dije en una ocasión a Chad
Husby, horticultor del jardín botánico tropical Fairchild de Florida, seña-
lando una planta imbricada que se extendía por una pared bien sombreada.

—Quizá tu planta sea su descendiente, porque ésta arribó a Fairchild en la
década de 1970, proveniente de un jardín botánico en Nueva Guinea —respondió—. Resultó que en ese entonces era una especie indefinida.

Aunque aún resulta algo desconocida debido a su lento crecimiento, la
Rhaphidophora ha incursionado en el mercado de las plantas caseras. De
hecho, yo tengo dos en mi casa.

Mientras que Anna y yo nos ocupábamos de algunos especímenes del
herbario, Peter emergió del sótano con una serie de tomos botánicos antiguos. Si creía que Anna era delicada con los especímenes del herbario, Peter era mucho más cuidadoso con los libros, algunos de los cuales tenían
casi cuatrocientos años. Dispuso éstos sobre la mesa como un mosaico de
títulos encuadernados en piel. Temía acercarme a ellos por su aparente
fragilidad, pero Peter asintió con la cabeza y me animó a hacerlo. Hojeé los
ejemplares históricos con sumo cuidado, cuyos autores habían investigado
y escrito con suma meticulosidad. Algunos libros estaban bien conserva-
dos —sus páginas gruesas y de orillas amarillentas habían sido encuader-
nadas con cubiertas de piel de becerro desgastada que guardaban el aroma
de tiempos pasados. Las páginas de otros tomos eran delicadas como las
alas de una polilla, tan delgadas y frágiles que algunas hojas y sus inscrip-
ciones estaban raídas. Casi todos estaban ilustrados con los más finos grabados, los cuales mostraban detalles encantadores de los elementos de las
plantas y su anatomía.

Cuando estaba en Cornell, descubrí algunos libros escritos por jardineros del pasado, uno de los cuales es de especial relevancia para los amantes modernos de las plantas. En el verano de 1829, un médico llamado

Nathaniel Bagshaw Ward se topó con un descubrimiento que derivó en una mayor supervivencia de las plantas a bordo de las embarcaciones y dentro de los hogares.

Su historia comienza con un gran fracaso de jardinería, algo que debería darnos un poco de tranquilidad a quienes hemos perdido plantas. Del mismo modo en que yo quería crear un jardín vertical dentro de mi hogar luego de leer el trabajo del botánico francés Patrick Blanc, Ward había intentado construir su propia pared de musgo y helechos, intercalando su creación con prímulas, acedera de madera y otras plantas que encontró en los alrededores. En resumen, sus plantas murieron al poco tiempo, algo que atribuyó a la presencia de humo proveniente de una fábrica cercana —una conclusión lógica, sobre todo porque la fotosíntesis (y, por ende, el crecimiento) se detiene cuando hay demasiadas partículas en el aire.

Cualquiera que haya sido la causa del fracaso, Ward recurrió a otras actividades, una de las cuales consistió en enterrar la crisálida de una polilla esfinge en tierra húmeda dentro de una botella de vidrio de cuello ancho cubierta con una tapa. Durante este periodo, vio cómo la humedad se condensaba en la superficie del cristal y luego volvía a la tierra, de manera que una parte de esa humedad permanecía en la botella. Fue entonces cuando realizó su gran observación, la cual se describe a continuación:

> Alrededor de una semana antes de la transformación final del insecto, una plántula de helecho y un pasto hicieron acto de presencia en la superficie del moho [tierra].
>
> No pude sino asombrarme ante la circunstancia de una de las plantas de esa tribu que durante años traté de cultivar sin éxito, al surgir por cuenta propia en esa situación, y me pregunté seriamente cuáles eran las condiciones necesarias para su bienestar. La respuesta fue: *una atmósfera húmeda libre de hollín u otras partículas extrañas; luz; calor; humedad; periodos de reposo; y cambio de aire.* Mi planta contaba con todos estos elementos; y *la circulación de aire* se obtuvo mediante la ley de difusión descrita previamente.

Así, entonces, aparentemente se cumplieron *todas las condiciones* necesarias para el crecimiento de mi helecho, y lo único que restaba era comprobar este hecho mediante un experimento. Coloqué la botella afuera de la ventana de mi estudio, una habitación orientada al norte, y para mi gran satisfacción las plantas continuaron desarrollándose. Resultaron ser el *L. filix-mas* y la *Poa annua*. No requirieron ninguna atención y permanecieron allí durante cuatro años, el pasto floreando una sola vez y el helecho produciendo tres o cuatro frondas al año. Al término de este periodo, murieron por accidente, cuando me encontraba lejos del hogar, a causa de la oxidación de la tapa y el libre y excesivo acceso de agua pluvial.

Dado que Ward pasaba tiempo observando las necesidades de las plantas, (quizá) sin saberlo descubrió una idea novedosa para la época que consistía en confinar plantas en envases de vidrio y que terminaría por generar una afluencia de plantas extranjeras a Europa y, con el tiempo, a Estados Unidos. Más adelante, su idea recibió el nombre de "la caja Ward" (un terrario en la época actual), misma que codificó en su libro *On the Growth of Plants in Closely Glazed Cases*, escrito por primera vez en 1842 y publicado más tarde en un segundo volumen en 1852. Ward admitió que cuando escribió su libro "el transporte de plantas a bordo de un barco... es una práctica adoptada a nivel universal y se cree que no existe un lugar civilizado sobre la superficie de la tierra que no se haya, de una u otra manera, beneficiado por su [las cajas Ward] introducción." No obstante, el objetivo de su libro no era alardear sino orientar a las personas para cuidar a las plantas que se encontraban en cajas cerradas, pues reconocía que esta práctica aún era poco comprendida. Descubrió que era imposible sembrar una planta con un poco de tierra dentro de una caja de vidrio y omitir cualquiera o el resto de los elementos que ésta requiere, como luz, agua, humedad, flujo de aire y más. Lo mismo aplica para las plantas caseras, algo que detallaremos más adelante.

Aunque Ward ya era conocido al momento de la publicación de su libro, era improbable que su mensaje alcanzara a todas las personas interesadas en las plantas. Sin embargo, su creación estimuló de forma inequívoca el interés público y el fervor de vivir con plantas, sobre todo en zonas urbanas que eran crecientemente descritas como fuliginosas debido a los altos índices de contaminación. A mediados del siglo XVII, comenzaron a proliferar más libros sobre plantas caseras, de salón, invernadero y "estufa" (pues literalmente se requerían estufas dentro de los invernaderos para mantenerlas con vida), con títulos como *Flowers for the Parlor and Garden*, *House Plants and How to Grow Them*, *House Plants and How to Succeed with Them*, *The Window Flower Garden*, *Window Gardening* y muchos otros nombres deliberadamente descriptivos. Aunque algunos de los textos tienen más de ciento cincuenta años, son indudablemente modernos —con muchos elementos sobre el cuidado de las plantas, el diseño de jardines e incluso un espíritu entusiasta que siguen vigentes en la actualidad.

Al término de la era victoriana y a principios del siglo XVIII, comenzaron a surgir viveros e invernaderos tropicales en el noreste de Estados Unidos, California y Florida para satisfacer los deseos de los amantes de las plantas; en respuesta al interés de la gente, sus catálogos no sólo empezaron a incorporar plantas de exterior como flores, árboles y arbustos, sino también plantas de follaje para sus casas y conservatorios privados.

Estas plantas incluían variedades comunes conocidas hoy en día, como *Aglaonema*, *Dracaena* y *Howea*, por ejemplo, y una gran cantidad de especies menos conocidas, muchas de las cuales me emociona encontrar en mi tienda local de plantas. Uno de esos invernaderos, Roehrs, fue establecido en 1869 en East Rutherford, Nueva Jersey, y aún opera en la actualidad. Cuando arrancó el invernadero, Roehrs cultivaba plantas florales para clientes privados y floristerías, las cuales comenzaron a aparecer en Manhattan. Obtenía plantas de todas partes —Birmania, India, África del Norte, Centro y Sudamérica— y se dice que había cargamentos de plantas provenientes de Europa que se enviaban directamente a "Julius Roehrs, Co.". En el apogeo de la operación de Roehrs —según los catálogos antiguos archivados en el herbario de Cornell—, el acaudalado propietario de un invernadero podría haber elegido entre miles de variedades de plantas tropicales distintas, en su mayoría recolectadas por el botánico germano-americano Alfred Byrd Graf, quien se asoció con la compañía Julius Roehrs en 1931.

La búsqueda de plantas de interior remontó durante los años treinta y de nuevo en los años cincuenta del siglo xx, y ha experimentado un crecimiento constante a lo largo de las décadas. El gran auge de las plantas ocurrió a mediados de la década de 1970 y ha sido comparado con el fervor que causan las plantas de interior hoy en día. Casi un tercio de las compras de plantas caseras son lideradas por los millennials, de acuerdo con un artículo de 2018 del *New York Times*.[3]

Desde los años setenta del siglo xx, mucha gente alrededor del mundo empezó a mudarse a las ciudades en porcentajes históricos. Este fenómeno, aunado a la emoción que generan las plantas (que en fechas recientes se catapultó gracias a las redes sociales), ha resultado en una silenciosa pero competitiva cultura botánica de interior. Anteriormente, solíamos fijarnos sólo en lo que hacían nuestros vecinos de al lado o enfrente. Sin embargo, ahora la inspiración —y la aspiración— existe en todas partes, en cualquier lugar, a la distancia del *feed* de una red social o un *hashtag*, conectando a los amantes de las plantas con grupos dedicados a ellas en todo el mundo. Por supuesto, las redes sociales pueden servir (y son utilizadas) para unir a gente interesada en las plantas —y conectarla con el mundo (a veces demasiado perfecto) del cuidado de las mismas. No obstante, una visión curada de nuestros compañeros clorofílicos no debiera impedir que adoptemos la misma mentalidad que tenían los antiguos jardineros al preguntarnos: "¿Qué es lo que las plantas necesitan de mí?"

De hecho, mientras escribo este libro, me doy cuenta de que me dirijo a los amantes contemporáneos o futuros de las plantas, al igual que lo hicieron los autores de los libros y los propietarios de los invernaderos que produjeron los catálogos que mencioné anteriormente para la gente de su época; y con seguridad los autores del futuro continuarán haciéndolo mucho tiempo después de mi paso por esta Tierra.

Tres cuartas partes de las familias estadunidenses utilizan plantas vivas para decorar su hogar o expresar su cultura. Esto muestra que las plantas caseras se han vuelto algo convencional y que existe cierto nivel de conocimiento sobre su cuidado. Dicho esto, siempre queda mucho por aprender y parte de lo que podemos hacer para despertar el amor de una planta es entender las consideraciones para sembrarlas en interiores, lo cual exploraremos a profundidad en los siguientes capítulos. Sin embargo, haremos esto al replantearnos continuamente lo que pensamos sobre las plantas y al ampliar nuestra imaginación para liberarnos de nuestros cuerpos —al menos de forma temporal— y deleitarnos en la experiencia de sumersión de lo que significa ser una planta.

EJERCICIO PARA COMENZAR A SEMBRAR: DESCUBRIMIENTO

1. **Descubre un oasis vegetal.** Visita el jardín botánico de tu localidad o centro de jardinería, o elige una planta de tu colección o alguna que hayas visto en internet y que te haya resultado interesante. La forma más sencilla de construir tu mapa mental de plantas es aprender sobre cada una por separado. Es decir, una a la vez.

2. **Revela la historia de cómo se empezó a cultivar una planta.** En cuanto encuentres una planta que llame tu atención, investiga su historia. Aunque esto puede ser todo un reto, intenta averiguar cuándo se incorporó a los archivos botánicos por primera vez revisando las bases de datos de herbarios y revistas científicas en internet. Si tu planta es híbrida o una variedad cultivada, trata de descubrir cuándo se hibridó o cultivó y cuánto tiempo lleva en circulación.

3. **Investiga dónde la puedes encontrar actualmente.** Si eres hábil, investiga quiénes (entre los vendedores de plantas) la mantienen en circulación. Este ejercicio te permitirá familiarizarte con la historia de la planta en cuestión —y su viaje hacia la popularidad en el mercado— y te ayudará a decidir si puedes darle un hogar feliz.

6

FAMILIARÍZATE CON TUS PLANTAS

A veces quisiera hacer fotosíntesis para que sólo por existir, por brillar a
la orilla del prado o flotar con languidez en un estanque, pudiera
desempeñar el trabajo del mundo en silencio y bajo el sol.
—*Robin Wall Kimmerer, autora de Braiding Sweetgrass:*
Indigenous Wisdom, Scientific Knowledge,
and the Teachings of Plants

· · · · · · · ·

Me siento profundamente fascinada por la ciencia de las plantas.
Las plantas me han ayudado a encontrar un propósito más profundo.
—Sarah A.

¿Quieres una vida o un estilo de vida?

Debido a que cada vez nos mudamos más a las ciudades, nuestra experiencia individual y colectiva con las plantas, sobre todo en sus hábitats naturales, disminuye y desaparece. En lugar de trepar árboles, es más probable que pongamos un pequeño bonsái dentro de nuestro carrito del supermercado. En vez de aprender a producir sustrato a partir de nuestros restos de comida, es más probable que compremos paquetes de tierra para sembrar. La naturaleza se desinfecta, se planta en macetas, se empaqueta y se arregla. Por eso, entre más nos familiaricemos con nuestra planta, más entenderemos y apreciaremos su historia y cómo llegó a nosotros.

En el capítulo anterior aprendimos sobre la fascinación y la necesidad humana de rodearnos de plantas, cómo empezar a identificarnos como jardineros al conocer un poco de historia y reforzar esa identidad mediante la construcción de hábitos. A medida que nos acostumbramos a cuidar bien de las plantas, profundizamos en nuestra relación con la tierra. Sin embargo, si únicamente nos enfocamos en la apariencia de las plantas que tenemos en nuestro hogar, lo más probable es que no creemos los hábitos adecuados y que nuestra relación con la tierra sea estrictamente superficial. Desarrollar una mentalidad que nos anime a identificar las necesidades de las plantas despertará nuestro "amor" y no nuestra "lujuria" por ellas, además nos permitirá experimentar una "vida" y no sólo un "estilo de vida".

A fin de crear buenos hábitos de cuidado, primero debemos adoptar la mentalidad adecuada: esto significa ser inquisitivos, por ejemplo, al notar cómo crece una planta y las características de sus hojas, tallos y raíces, descubrir el origen de nuestras plantas y descifrar en qué ambientes y condiciones prosperan —todo esto antes de traerlas a casa. A primera vista, aprender sobre las plantas puede parecer complicado —y los principiantes a menudo se sentirán abrumados por la cantidad de especies que existen y sus necesidades. Sin embargo, en este capítulo desmitificaré el cuidado de las plantas, a fin de prepararte para tomar las mejores decisiones en beneficio tuyo y de tu planta.

Conocer una planta por primera vez es casi lo mismo que conocer a una persona por primera vez. Si sabemos escuchar y conversar, es más probable que entendamos a la persona con quien hablamos. Los mismos principios son aplicables a las plantas —excepto que, como quizás hayas notado, necesitamos perfeccionar distintas habilidades ya que las plantas cuentan sus historias y responden de maneras muy distintas. Con frecuencia esto requiere que nos volvamos investigadores expertos, lo que implica tomarnos un poco de tiempo para observarlas e incluso practicar el autoanálisis y la reflexión.

Pregunta de dónde es tu planta

Si vives en la ciudad, lo más probable es que nunca te preguntes cómo era la vida de las plantas que ves en exhibición, envueltas en plástico o arregladas en un ramo, antes de ser curadas en un estante de tu supermercado local. ¿Dónde las cultivaron? ¿Cuánto tiempo tardaron en alcanzar las condiciones adecuadas para su venta? Comencé a extraer estas preguntas mientras filmaba mi serie de YouTube, *Plant One on Me*, donde suelo entrevistar a cultivadores aficionados y coleccionistas privados, además de visitar grandes invernaderos y jardines botánicos.

Los cultivadores pueden pasar hasta una década "perfeccionando" una planta antes de lanzarla al mercado. Por "perfeccionar" no sólo me refiero a seleccionar el follaje y las flores más elegantes que nos inspiren a comprarlas, sino también a elegir las plantas capaces de soportar los rigores del transporte, el descuido de las tiendas y las locuras de sus dueños.

—Queremos plantas que duren al menos tres meses bajo el cuidado de sus dueños —he escuchado decir a muchos cultivadores.

De hecho, he escuchado esa frase con tanta frecuencia que incluso me he preguntado si no estarán recitando información de un mismo manual. Esto muestra la poca fe que tienen los cultivadores en las habilidades del consumidor común y corriente de cuidar una planta.

Aunque una planta casera haya nacido, haya sido cultivada o propagada en el entorno de un vivero o invernadero, sigue siendo una especie cuya vida alguna vez consistió en arrastrarse, enrollarse y enredarse a través de un claro de bosque, aferrarse a afloramientos de roca o paisajes desérticos, o quizás alzarse sobre las ramas en las copas de los árboles de la selva tropical. Conocer más sobre la historia natural de una planta es importante, ya que puede ayudarte a entender las condiciones que prefiere e incluso por qué crece como lo hace.

El ecosistema natural de una planta puede parecer imposible de recrear en un entorno privado, pero muchas de las más de quinientas variedades de vegetación de interior más populares que a menudo vemos en invernaderos, viveros y tiendas de plantas en realidad se adaptan mucho mejor al ambiente de un hogar u oficina. Tomaré prestado un ejemplo del mundo animal: las palomas de roca, también conocidas como las palomas comunes, se adaptan con facilidad a paisajes urbanos y rascacielos debido a que cuando se encontraban en la naturaleza vivían en acantilados y salientes de roca. La mayoría de las plantas caseras que vemos hoy en día son especies tropicales y subtropicales cuyo lugar de origen se encuentra a 2,575 kilómetros al norte —y dentro de la misma distancia al sur— del ecuador. Algunas se hallan en los desiertos, algunas se aferran a la tierra yerma en las laderas de las montañas y otras se encuentran en condiciones de luz filtrada o tenue en los sotobosques de las selvas y bosques del mundo. Muchas de estas plantas se han adaptado a condiciones similares a las de nuestros hogares —al menos en lo que respecta a la temperatura que mantenemos en nuestras casas, es decir, de 18 a 21 grados Celsius. Otras, como ciertos cactus y suculentas, incluso están acostumbradas al descuido, por lo que una persona que olvida regarlas o que viaja mucho pero tiene una ventana que recibe mucha luz solar, podría entablar una buena amistad con un cactus o suculenta.

No hace mucho tiempo, mientras recorría el Parque Nacional Tapantí en Costa Rica, a unos 48.3 kilómetros al sureste de San José, me sentí emocionada al ver los peludos peciolos, los enveses manchados de rojo y las hojas satinadas de una *Philodendron verrucosum*; las hojas fenestradas y cargadas de la epífita *Tillandsia* sp. y bromelias —todas ellas disponibles en las tiendas de plantas a nivel mundial. Es increíble cómo lugares tan lejanos pueden volverse cercanos con sólo prestar atención a sus plantas. Y en cuanto empieces a rodearte de la naturaleza en tu propia casa, te sorprenderá cuán emocionante —y extrañamente cercano— te resultará.

Con esto no quiero decir que debas transformar tu sala en una jungla si tus plantas provienen de allí. Sin embargo, conocer un poco más sobre la historia natural de tus plantas, como dónde crecen y de qué manera lo hacen en sus ambientes naturales, así como su funcionamiento, sin duda te permitirá ayudarlas a crecer y prosperar.

Descubre cómo funcionan las plantas

Las plantas podrían parecer simples a nivel fisiológico en comparación con los mamíferos, pero en realidad su sofisticación es similar. A lo largo de millones de años, las plantas han evolucionado para vivir prácticamente en cualquier situación, no sólo con las de su tipo sino con todas las especies. Sobreviven en contra de los elementos: en zonas alpinas tapizadas de nieve, paisajes desérticos y afloramientos rocosos bajo el sol ardiente. Han sido invadidas por plagas y devoradas por insectos, hongos, bacterias, virus, aves, animales, humanos e incluso otras plantas. En su conjunto, han aprendido a soportar fuerzas de proporciones bíblicas, como ventarrones, inundaciones e incendios; algunas plantas, sobre todo aquellas en etapa de semilla, han aprovechado estos desastres climáticos —al esparcir su progenie por todas partes después del caos. ¡Eso es mucho más de lo que puedo decir sobre la especie humana!

Al igual que un monje meditando, las plantas están enraizadas en su lugar; sin embargo, no permanecen inmóviles en su entorno. Lo que nosotros registramos como una "falta de movimiento" a menudo involucra una serie de movimientos y crecimiento imperceptible (aunque en ocasiones sí es visible) —a nivel del suelo, bajo la tierra o incluso a nivel celular dentro de las hojas, tallos, raíces y semillas. Aunque la estructura superficial de una planta resulta obvia, su comportamiento también puede ser sutil. Las plantas que responden a nuestro tacto, como la *Mimosa pudica* o planta sensible, cuyas hojas compuestas se doblan sobre sí mismas cuando las tocamos, o una *Dionaea muscipula*, también conocida como venus atrapamoscas, que activa una trampa cuando alguien o algo toca sus pelitos dos veces en un lapso de veinte segundos, son extraños placeres para jóvenes y viejos.

La estructura profunda de una planta, es decir, sus raíces, es todavía más misteriosa. Un manto oscuro de tierra o sustrato las rodea, el cual apuntala la planta y le proporciona el mejor suministro de agua a la vez que impide que sus raíces se aneguen. Las raíces y sus pelitos se estiran y sondean debajo de la tierra, como brujas del agua, buscando con sigilo gradientes de humedad. Las plantas están tan acostumbradas a su oscuro ambiente subterráneo que incluso se cree que podrían utilizar vibraciones acústicas —como el sonido de agua corriente— para buscar fuentes de agua a la distancia.[1] Una vez que han detectado humedad en la tierra, extraen agua y nutrientes disueltos por ósmosis, desde los pelos radiculares a través de los tallos hasta la corona, en un proceso conocido como "ascenso de savia". Los componentes disueltos —o *cationes*— como magnesio, fósforo y nitrógeno se vuelven parte del tejido de la planta y la apoyan en funciones importantes como la producción de enzimas y el metabolismo. Por asociación, estos beneficios nutritivos se otorgan a aquellos que consumen plantas, entre ellos los humanos. Y sin embargo, muchos humanos nunca se han percatado de estos beneficios vivificantes, algo que quizás agradezcamos más la próxima vez que comamos verduras.

Las plantas son el tejido conectivo entre la tierra y el cielo. A través de un proceso que se conoce como transpiración, el agua sube por la planta, mana de las hojas y, en algunos casos, los tallos, a través de poros en forma de labios llamados *estomas*. Esta exhalación gaseosa de las hojas crea humedad en la atmósfera circundante —tanto al interior como al exterior— y alimenta el ciclo del agua, un fenómeno descrito por los indígenas del Amazonas como "ríos en el cielo". La humedad eventualmente se concentra en las nubes y cae a la tierra otra vez, asegurándose de que todas las plantas tengan una fuente confiable de agua.

Los estomas también crean un canal para que el dióxido de carbono y el oxígeno circulen libremente dentro y fuera de la planta. A medida que ingresa el CO_2, el carbono se separa a causa de la energía luminosa y se mezcla con el agua para producir carbohidratos, oxígeno y agua residual. La energía luminosa que alimenta todo este proceso es capturada por la parte verde de la planta —la clorofila—, que se encuentra en las hojas y tallos. Las hojas de las plantas están eficientemente diseñadas para consumir luz, actuando como paneles solares gigantes que pueden rastrear los movimientos del sol durante el día a lo largo del tiempo, dándole a la planta una fuente de energía confiable para nutrirse —y alimentar al mundo. Durante los meses invernales o en temporadas de sequía, cuando muchas plantas permanecen inactivas, transportan los carbohidratos hacia abajo a través de los tallos para almacenarlos en sus raíces y sistemas de raíces modificados como tubérculos, cormos, bulbos y rizomas. Cuando llega la primavera o la temporada de lluvias, las plantas una vez más pueden acceder a las reservas de carbohidratos y llevarlas hacia la superficie; por eso podemos extraer miel de maple de los arces durante la primavera y los camotes dulces pueden generar tantos brotes verdes de sus tubérculos en la mesa de una cocina.

A medida que comiences a apreciar las sutilezas de las plantas, no sólo aprenderás sobre su cuidado sino también a tomar en cuenta su ritmo de vida. Las plantas son criaturas lentas, silenciosas y, sobre todo, complejas. Mientras las incorporas poco a poco a tu vida, te recomiendo igualar su disposición cuando te sea posible. Al desarrollar esta sensibilidad hacia las plantas, encontrarás que entre más les des, más ganarás. Con la práctica, todo se desarrollará de forma natural:

> Debido a mi dolor crónico, muchas veces no puedo participar en ciertas actividades tanto como quisiera. También es uno de los motivos por los que en este momento no tengo mascotas; pero las plantas me infunden vitalidad, lo cual es muy compatible con mis limitaciones. Me identifico mucho con ellas y eso, en definitiva, tiene que ver con superar las adversidades. —Tove T.

> He practicado jardinería durante cinco años... Cuando estoy mortificada, descuido mis plantas sin siquiera notarlo, lo cual me hace percatarme del estado en el que me encuentro y de inmediato me dispongo a cuidar de ellas como ellas lo hacen conmigo. Ha sido un proceso maravilloso. —Anna Morgan R.

Trabajo como creativo independiente, una profesión que implica ciertos altibajos. Lo que más me ha ayudado a lidiar con esta montaña rusa laboral son mis plantas. Todos los días las atiendo, lo cual me proporciona un ritual de cuidado constante. He notado que esto no sólo me tranquiliza y disminuye mi ansiedad, sino que también me permite entenderlas mejor. —Todd

El domingo es mi *sabbat* de plantas. Más adelante ahondaré en ello, pero es el día en que me relajo y me ocupo de mis plantas. Este ritual no sólo las mantiene sanas a ellas: también a *mí*. Estas historias de mi comunidad son prueba de que bajar el ritmo podría ayudarte a sanar, ya sea de una enfermedad física, el estrés inevitable de la vida cotidiana o un corazón roto.

Pregunta qué planta quiere vivir contigo

—Esa *Maranta* está hermosa —le dije a un hombre joven que salía de la tienda de plantas cerca de mi casa.

Se detuvo.

—¿Cómo la llamaste?

—Una *Maranta* —repetí—. Se le conoce como planta de la oración.

—Oh, genial —dijo—. No tenía idea de lo que era. La compré porque me gustó su apariencia.

No llevaba prisa, así que aproveché la ocasión para darle algunos consejos sobre el cuidado de la planta de la oración, tratando de elegir palabras sencillas que pudiera entender y recordar.

—Le gusta la luz brillante, pero no la luz solar directa, y prefiere un ambiente húmedo. Notarás que sus hojas se doblan por las noches: como si rezaran, de ahí su nombre.

Para cuando terminé la frase, el chico ya se estaba dando la vuelta. Me agradeció con poco entusiasmo y se alejó con su *Maranta leuconeura* de la variedad *erythroneura* (¡intenta decir esto diez veces lo más rápido que puedas!).

Vivir cerca de una tienda de plantas durante más de doce años, dedicar tiempo a impartir talleres sobre su cuidado y entrar y salir de centros de jardinería y tiendas de plantas me ha permitido involucrarme y escuchar muchas conversaciones ajenas. He notado que las personas entran a las tiendas de plantas sabiendo muy poco sobre ellas y salen tras haber comprado algo que consideran que se verá bien "por ahí" (es decir, en un espacio específico de su casa), sin saber si es el tipo de planta apropiada para dicho espacio o incluso para la persona. Además, tras vivir más de catorce años en la ciudad, he notado que la vida en un departamento es muy restrictiva para las plantas: el espacio, la luz, la humedad y el flujo de aire son escasos. Por eso es que una de las preguntas más frecuentes de quienes aspiran a tener plantas en su vivienda urbana es: "¿Qué planta es difícil de matar?".

Quiero abordar esa pregunta haciendo otra que cambiará tu enfoque sobre la compra de plantas por completo. La próxima vez que vayas a una tienda de plantas o que compres una en línea, no sólo pienses con qué planta te gustaría vivir sino a qué planta le gustaría vivir contigo. Solemos comprar plantas por cuestiones estéticas y hacemos preguntas como: "¿No crees que esta planta se vería perfecta en la esquina de la recámara?", sin preguntarnos si esa planta crecerá (o siquiera sobrevivirá) en el rincón de dicha habitación. Por otro lado, aunque queramos comprar la especie más difícil de cuidar, podría resultar que no nos guste "ensuciarnos las manos" o involucrarnos tanto en el mantenimiento de las plantas. Estas dos características son incompatibles, con lo cual tanto la planta como el dueño serán infelices. En resumen, primero pregunta qué quiere una planta de ti y analiza si eso concuerda con lo que tú quieres y con lo que puedes aportar para asegurar que la planta sea feliz bajo tu cuidado.

Es normal querer rodearnos de la naturaleza, sin embargo, a veces resulta agotador saber cómo funciona e incorporar ese conocimiento a nuestra vida. Cuando creamos una separación tan distintiva y radical entre lo "exterior" e "interior", resulta necesario introducir la belleza de la naturaleza en nuestras casas y balcones. Una cosa es construir cascadas interiores y traer nidos de pájaros a nuestro hogar, como lo hice yo cuando era niña, y otra es adornar nuestra casa con plantas: hay una ligera curva de aprendizaje, pero puede superarse a medida que nos familiarizamos con las necesidades individuales de nuestras plantas.

Las plantas tienen la milagrosa habilidad de "engalanar" un lugar sin mayor esfuerzo. Tanto en sentido literal como figurado, infunden vida a cualquier espacio porque *son* vida. Quizás ésta sea la declaración más obvia del libro, no obstante, vale la pena repetirla: LAS PLANTAS SON VIDA. Exudan vida porque crecen, se mueven, respiran y metabolizan sus alimentos —y debemos poner de nuestra parte para garantizar que lo sigan haciendo. Aunque estos procesos de crecimiento, movimiento, respiración y metabólicos pueden variar de forma considerable de plantas a humanos, son suficientemente similares como para entenderlos. Si llenas un espacio vacío con cien personas listas para festejar, la atmósfera se colmará de vida. Si llenas ese mismo espacio con cien meditadores, una vez más cobrará vida, aunque de forma distinta. Si llenas ese mismo espacio vacío con cien plantas enraizadas, nadie negará que el lugar rebosa de vida. Pero no soy la única que lo piensa:

> Vengo de un pueblo pequeño y crecí rodeada de bastante naturaleza. Sin embargo, después de la universidad me mudé a la ciudad y ahora vivo en un diminuto departamento sin ningún espacio al aire libre. Por fortuna, mi recámara tiene un gran ventanal, así que coloqué unas plantas ahí. En cuanto introduje esas plantas, me sentí mejor y el cuarto rebosaba vida. A mi compañera de departamento también le gustó cómo se veían, entonces la convencí, ¡y ahora está cultivando plantas en su habitación! —Zuzanna S.

Mi madre falleció una semana antes de que yo entrara a la universidad. Me sentía perdida y sola hasta que descubrí la horticultura. Tocar la tierra con las manos es increíblemente terapéutico e introducir plantas en mi hogar lo hizo sentir menos solitario. Me resultan muy tranquilizadoras no sólo porque embellecen el espacio, sino también porque me gusta ver florecer a un ser vivo al que quiero. —Meag Sargent

Solía comprar plantas porque me gustaba su apariencia. Cuando morían (y *todas* terminaban por hacerlo), simplemente me deshacía de ellas. Quizá suene extraño, pero nunca pensé en cuidarlas a lo largo de su vida. Creo que sólo las veía como artículos desechables de decoración. Pero cuando empecé a ver cómo otras personas en redes sociales disfrutaban cuidar a sus plantas, pensé que quizás estaba equivocado. Ahora que tengo una nueva perspectiva, cuidar plantas se ha convertido en mi pasatiempo favorito. —Josef

Las plantas son vida. Esto significa que, si ponemos atención a sus necesidades, les permitiremos llenar el vacío que existe en nuestra alma. Esto puede sonar extraño o cursi, pero creo que una de las funciones más naturales tanto de las plantas como de los humanos es cuidar y reconfortarse —darse vida— entre ellos. Hubo un tiempo en el que esta relación era más clara, sin embargo, desde que la sociedad se reorganizó alrededor de la industria, recurrimos a los productos y a las cosas materiales para llenar nuestros vacíos. Este libro busca ser, en parte, un llamado a la acción: para unirte a mi comunidad, retrasar el reloj y volver a un tiempo más lento, aunque sea un par de horas cada domingo.

EJERCICIO PARA COMENZAR A SEMBRAR:
SAL CON UNA PLANTA

Ahora que ya sabes cómo abordar el cuidado de las plantas, es momento de que conozcas mejor las que tienes en casa. Al igual que cuando tienes una cita romántica, puede que la planta que se encuentra sentada frente a ti en la tienda no sea la indicada (es hermosa a la vista, pero requiere *demasiados* cuidados), así que tienes que averiguar esto haciendo las preguntas correctas. Elige una planta que te haya llamado la atención y, antes de comprarla, hazte las siguientes preguntas:

1. **Averigua de dónde es tu planta.** Una vez que averigües el nombre de la planta, investiga un poco más sobre ella y determina su origen y en qué tipo de ecosistema vive. ¿Qué puedes deducir de eso? (una planta que crece en los sotobosques de las selvas tropicales de Ecuador podría tolerar condiciones de poca luz).

2. **Descubre cómo funciona la planta.** ¿Qué apariencia tiene la planta? Examínala a detalle. Por ejemplo, ¿carece de raíces o posee raíces finas, carnosas o tal vez un tubérculo o un bulbo? Una planta sin raíces, como muchas de la especie *Tillandsia*, podría requerir nebulización o remojo foliar, mientras que una planta con un tubérculo o un bulbo podría permanecer inactiva durante una parte del año y no requerir agua durante su inactividad. Descubrir cómo funciona tu planta te ayudará a saber si puedes cuidarla mejor.

3. **Pregunta si la planta querría vivir contigo.** Una vez que sepas de dónde proviene la planta y cómo funciona, pregúntate si la planta sobreviviría en tu hogar y bajo tu cuidado. Esto será un claro indicador de si deberías considerar una próxima "cita" con tu planta.

7

DESPIERTA EL AMOR DE UNA PLANTA

El jardín es el lugar donde uno se detiene a poner atención y a escuchar.
Sólo hay que quedarse quieto el tiempo suficiente y abrir el corazón y el
espíritu al mensaje de las plantas.

—*Gabriel Howearth, permaculturista y botánico*

. . . .

*Cuando comencé a ver a las plantas como seres vivos —dándoles amor y
respeto—, descubrí cuánto nutren el alma.*

—*Monica K.*

Mi amiga Tama Matsuoka Wong es una recolectora profesional de alimentos que cosecha plantas silvestres comestibles, hierbas, especias y verduras para restaurantes de alta gama. Me sorprendió cuando confesó que era pésima jardinera. Bueno, me sorprendió que fuera tan dura consigo misma. Como recolectora, no necesitaba ser diestra en el cultivo de plantas, sino más bien tener buen ojo. ¡Y la naturaleza se encargaría del resto!

Sin embargo, hay algo en lo que Tama sí es una experta: sabe por qué las plantas se dan bien en algunos lugares. Ella reconoce el hecho de que las plantas a menudo crecen mejor en donde las encuentras —y a veces donde no quieres que estén (como la maleza). Advertir esto es parte del proceso para conocerlas y entenderlas. Si damos el siguiente paso: cultivarlas —ya sea en interior o exterior—, tal vez debamos preguntarnos cosas como: "¿Qué ambiente puedo crear para que crezcan?"

Tama señala que algunos botánicos tienen un nombre para estas plantas cuyos nuevos padres las han llevado a casa sin considerar lo que necesitan para prosperar: *prisioneras de guerra*. Las plantas prisioneras de guerra están confinadas en macetas o jaulas y se fertilizan y riegan para mantenerlas con vida.

—Si en verdad quieres confirmar que una planta está en buenas condiciones y prospera, entonces debes revisar si hay regeneración —afirmó Tama—. Si no es así, entonces es probable que se trate de una planta prisionera de guerra.

Por ejemplo, si uno de los imperativos de una planta es regenerarse, producir retoños o polinizar para generar nuevas semillas, entonces debemos preguntarnos lo que requiere para hacerlo en el entorno que tenemos. Sin embargo, se trata de mucho más que agua y luz (aunque encontrar la cantidad adecuada de ambos elementos es vital): para despertar el amor de una planta, quizá necesites ocupar el rol de la madre naturaleza. Como la mayoría de nuestras plantas se encuentran en macetas, no están expuestas a los beneficios que ofrece la naturaleza, como las hojas caídas de las copas de los árboles, las simbiosis fúngicas o una mezcla de microbios y otros organismos benéficos como las lombrices de la tierra. Esto significa que el dueño de una planta a menudo tendrá que atender todas y cada una de sus necesidades, desde encontrar la mejor luz hasta airear la tierra con un par de palillos chinos.

El autor Stephen Harrod Buhner ha escrito: "[Las plantas] son una forma de vida arraigada e identificada por su comunidad, por sus relaciones e interacciones con el resto de las formas de vida sobre la tierra". Las plantas, afirma, no son "nada en aislamiento". Aunque simpatizo con las declaraciones de Buhner, sé que tal vez nunca podremos recrear las complejidades de un ecosistema natural dentro de nuestro hogar, aunque sí creo que el simple acto de cultivar puede ayudar a conectarnos con algo más grande que nosotros.

Como he mostrado antes, incluso una planta en aislamiento puede ser un portal hacia algo superior, actuando como huésped o símbolo de su lugar de origen. Su apariencia, tipo de crecimiento e incluso su fisiología pueden darnos pistas sobre el entorno de donde proviene. Si somos lo suficientemente pacientes y afortunados para desarrollar sensibilidad hacia las plantas, entonces no sólo cuidaremos mejor de ellas sino que también nos reconectaremos con nuestros orígenes, generaremos un respeto más profundo por la naturaleza y, por último, reafirmaremos nuestro rol como guardianes de nuestro entorno —a fin de que éste pueda cuidar de nosotros. Al ayudar a que las plantas alcancen su máximo potencial, quizá podamos alcanzar el nuestro. Sí, ninguna habitación de interior sustituirá jamás a la naturaleza, pero se pueden tomar medidas para recrear el hogar natural de una planta y ayudarla no sólo a sobrevivir, sino también a prosperar. En este penúltimo capítulo, exploraremos algunos de los elementos más importantes de lo que requieren las plantas, a fin de estar mejor preparados para recibirlas en nuestra vida y hogar.

Las plantas y la luz

—¿Por qué las plantas son de color verde?

Cuando el hijo de tres años de una amiga me preguntó esto, ella frunció los labios superficialmente como para decirme: "¿Tú te encargas de responder eso?"

—¿Por qué no le preguntas a la planta? —respondí.

—¡Las plantas no hablan! —reclamó el pequeño, riendo y agitando sus manos regordetas en el aire.

—¡Eso es lo que tú piensas! —contraataqué—. Mis plantas hablan conmigo, pero lo hacen a su manera, silenciosamente, así que en lugar de hacerles una pregunta en voz alta, tienes que sentarte y observar.

La pregunta de este niño me recordó que algo tan general —es decir, el "verdor" de una planta— no sólo es sorprendentemente complejo sino crucial para su supervivencia. La respuesta más sencilla es que producen un pigmento llamado *clorofila*, de color verde debido al ion central del magnesio que hace funcionar la molécula de la clorofila. Si alguna vez has visto caer un meteorito color verde o verde azulado a la tierra, es porque en su mayoría está compuesto de magnesio (esto también explica por qué las hojas se tornan amarillas cuando tienen deficiencia de magnesio. Sin magnesio no puede existir el color verde —un tema más apto para mi clase magistral sobre plantas caseras que para este libro). La clorofila en una planta está diseñada para absorber todas las longitudes de onda de luz visible —sobre todo en los extremos rojos y azules del espectro. Dado que la longitud de onda del color verde se utiliza poco, es esa misma longitud de onda la que se refleja en nuestro ojo. De ahí que las plantas sean verdes.

Por lo tanto, el verdor de una planta a menudo es señal de que está sana. Es probable que haya pocos rincones de tu casa, si es que hay alguno, a través de los cuales se filtre la luz del sol y eso ayudará a definir el sitio idóneo para colocar tu planta, dado que requiere alimentarse de luz para crecer, producir y regenerarse. Las ventanas orientadas al sur en el hemisferio norte proporcionan zonas de alta luminosidad, muy adecuadas para los cactus, la mayoría de las suculentas e incluso las hierbas. Las plantas con menor tolerancia a la exposición solar —con frecuencia aquellas cuyas hojas son delgadas y delicadas— a menudo sufrirán daños en las hojas debido a que no cuentan con ninguna protección ante la intensidad de los rayos. Las exposiciones occidentales y orientales en el hemisferio norte proporcionan excelente luz para la mayoría de las plantas, aunque las ventanas orientadas al occidente pueden aportar demasiada luz solar por la tarde, lo cual puede quemar algunas plantas. Una orientación al norte suele proveer luz suave e indirecta, ideal para aquellas variedades de plantas tolerantes a la luz baja. Si entiendes el tipo de luz que ofrece tu casa, así como las necesidades de luz de una planta, con seguridad encontrarás alguna que se adapte felizmente a tu hogar.

Sin embargo, cuando privas de luz a una planta le quitas su fuente de alimento. Incluso las plantas *aclorófilas* (plantas sin clorofila), que a menudo crecen en las profundidades más oscuras del bosque, *requieren* su sustento —de forma indirecta— de la luz. La planta parásita conocida como pipa de indio (*Monotropa uniflora*), cerosa y etérea que se asemeja a una macabra creación del cineasta Tim Burton, es un organismo de este tipo. Recuerdo la primera vez que vi una pipa de indio. Me encontraba jugando en un bosque aledaño a mi casa en Pennsylvania, algo que hacía todos los fines de semana, y estaba fascinada tras haber descubierto una planta tan extraña. Sabía exactamente lo que era —debido a mi memorización visual de todas las guías de campo que poseía—, aunque no sabía *por qué* existía.

Las plantas son astutas respecto a sus necesidades de luz solar

La *Monotropa uniflora* es una de tres mil especies de plantas florales no fotosintéticas que puede sobrevivir sin luz. Vive en la oscuridad del lecho forestal y es prácticamente imposible cultivarla en casa (lo intenté cuando era niña, ¡y fallé!); termina por "absorber" energía de plantas productoras de clorofila a través de redes micorrízicas subterráneas de hongos, algo que le ha ganado el nombre de "micoheterótrofa". La fantasmal pipa de indio, cuya cerosa cabeza floral blanca cuelga hacia abajo, desplomada sobre su tallo igualmente blanco como si tuviera una soga en el cuello, introduce sus raíces en los filamentos membranosos blancos que adornan los espacios entre los árboles y los hongos, como los de los géneros *Russula* y *Lactarius*. Sin los árboles de haya (*Fagus* sp.) y cicuta (*Tsuga* sp.), con su habilidad para la fotosíntesis, y los hongos, con su habilidad para succionar y transportar nutrientes —y posiblemente sin el resto del ecosistema forestal—, no se puede cultivar la pipa de indio.

Sin embargo, así como la pipa de indio tiene ingeniosas maneras de extraer lo que necesita, las plantas fotosintéticas tienen todo tipo de trucos "bajo sus hojas" para absorber energía de los rayos del sol. Pueden posicionar sus hojas en dirección al sol, como paneles solares movibles, aumentar el crecimiento de sus tallos para alcanzar una fuente de luz lejana (de ahí por qué algunas plantas se vuelven "zanquilargas" —un término para describir los tallos alargados de una planta a medida que los extremos de sus hojas buscan una fuente idónea de luz) e incluso cambiar de lugar los orgánulos que se alimentan de sol ubicados dentro de sus hojas para maximizar el consumo de luz. La luz es de vital importancia para que una planta se desarrolle, tanto así que su tasa de crecimiento es proporcional a la intensidad, calidad, cantidad e incluso sincronización de la luz que recibe. Así que considera la luz como la primera orden del día para cultivar plantas en interiores.

LO BUENO EN EXCESO ES MALO

Algunas personas creen que darle demasiada luz a una planta es benéfico, bajo el supuesto de que más luz equivale a más alimento, pero no siempre es el caso. Sin duda, es posible que una planta reciba demasiada luz solar. Al igual que las personas, las plantas pueden quemarse bajo los rayos ultravioleta, algunas con mayor facilidad que otras. Las plantas que viven en terrenos calurosos y duros se han adaptado para minimizar su consumo de luz o proteger sus células de los intensos rayos del sol. Estas adaptaciones incluyen gruesas hojas cuticulares reflejantes, pelos lanudos de color blanco, la producción de bloqueador solar natural compuesto de antocianinas, que es similar a la melanina en los humanos, y una gran variedad de protecciones. Algunas de las plantas que pueden soportar una alta intensidad solar incluyen la *Mammillaria*, *Echeveria*, *Crassula*, *Opuntia* y *Tephrocactus*.

La próxima vez que compres una planta, observa sus hojas, tallos e incluso su forma a detalle; imagina por unos momentos de qué tipo de entorno provino. Y antes de escoger un ejemplar que te guste, primero considera las condiciones de iluminación de tu departamento, casa o recámara.

Refina tu búsqueda a partir de eso. Si no se mencionan los requerimientos de luz de una planta, siempre puedes pedirle ayuda al representante de un vivero o tienda de plantas.

Las plantas y el agua

Como bien sabes, las plantas también dependen del agua. La frecuencia de riego de una planta casera dependerá en gran medida de la calidad y cantidad de luz a la que la expongas, aunque también hay que considerar otros factores, como por ejemplo el tipo de planta, la humedad del aire y la capacidad de drenaje del sustrato.

Algunas plantas, como los helechos, necesitan más agua que otras. Si decides comprar un cactus porque requiere de poco mantenimiento y porque a menudo olvidas regar tus plantas, considera que incluso las plantas desérticas, como la mayoría de los cactus y suculentas, tarde o temprano necesitan ser regadas. Cuando mi amigo y colega Allan Schwarz —el arquitecto y conservacionista forestal en Mozambique a quien mencioné anteriormente— me visitó, se quedó perplejo al ver mis *Lithops*. Estas suculentas en forma de piedritas vivían dentro de tazas de café color caqui ubicadas en el alféizar de mi ventana. Nunca antes había visto unas plantas *kaitjie-kloukie* (como él las llamaba) domesticadas (en el dialecto sudafricano afrikáans, el nombre significa "pata de gatito", debido a que se asemejan a los cojines suaves de las patitas de estos felinos). Me contó sobre la primera vez que vio estas extrañas plantas, cuando servía en el ejército sudafricano.

En la década de 1980, Allan se ubicaba en la base de Namaqualand, una región inhóspita y árida de Namibia y Sudáfrica. Las precipitaciones en la zona eran escasas, pero durante su estancia en el lugar había caído una lluvia inusual, aunque bienvenida; a la mañana siguiente, durante algunos entrenamientos, se encontró con lo que en un principio pensó era una suave y colorida piedrita. Intentó recogerla, pero estaba enraizada con firmeza: después de todo no era una piedrita, ¡sino una planta! A medida que siguió caminando, vio más de estas plantas esparcidas por todo el desierto. Su sargento de artillería, Navarre, quien resultó ser un abogado establecido en la campiña sudafricana, estaba familiarizado con los *Lithops* y explicó que la poca cantidad de agua que había caído en la zona era suficiente para hacer que emergieran y exhibieran una brillante variedad de colores.

Entre 80 y 95 por ciento de una planta está compuesto de agua, lo cual indica cuán necesaria es para su supervivencia. Aunque las *Lithops* no requieren mucha agua, necesitan un rocío ocasional. Todas las plantas requieren humedad. Incluso el *Syntrichia caninervis*, un musgo que crece en el desierto que posee fibras similares a los bigotes diseñadas para absorber niebla y dirigir las gotas hacia las hojas del musgo. El agua ayuda a mantener la actividad celular de las plantas, sirve para conformar sus tejidos blandos, refrescar, transportar nutrientes, llevar oxígeno a sus raíces y mucho más.

Las plantas epífitas, como algunas *Tillandsia* —también conocidas como plantas aéreas—, no se adhieren a la tierra sino a cualquier otra superficie, desde árboles hasta cables telefónicos, pero aun así requieren humedad atmosférica para alimentarse foliarmente. Y lo que para muchas plantas huésped supondría una carga, en realidad es un beneficio: los árboles con epífitas disfrutan de temperaturas más templadas y hasta 20 por ciento menos evaporación, en comparación con otros árboles sin presencia de estas plantas —lo cual revela que las epífitas son más amigas que dependientes, pues al mismo tiempo actúan como humidificador y aire acondicionado para el árbol que las acoge.[1]

No son únicamente las plantas las que dependen de otras para conseguir agua; los humanos también dependen de la hidratación que proveen las plantas. Luego de que éstas absorben agua a través de sus raíces, la "exhalan" a la atmósfera a través de sus hojas, con lo cual contribuyen con 10 por ciento de la humedad en nuestra atmósfera —un componente del sistema circulatorio de la tierra.

Pero en tiempos de sequía, las plantas se las ingenian. Aunque permanecen fijas en la tierra, las raíces de una planta patrullan activamente bajo su oscuro entorno en espera de la primera señal de lluvia. En ecosistemas funcionales, ciertas plantas exhiben algo conocido como "ascenso hidráulico" durante los periodos de sequía, mediante el cual las plantas extraen agua de las capas profundas de la tierra durante la noche y distribuyen el agua hasta las raíces más superficiales en las capas superiores de la tierra. Se ha demostrado que esto no sólo promueve el crecimiento en las plantas que realizan el trabajo pesado, sino que también reduce los efectos de la sequía para sus vecinos, con lo cual el área se mantiene estabilizada y funcional.[2] Muchas plantas incluso se han aliado con otros organismos terrestres para aprovecharlo mejor, al decorar sus raíces y pelos radiculares con micorrizas fúngicas a fin de aumentar la humedad y retención de nutrientes, o al albergar bacterias fijadoras del nitrógeno en los nódulos de sus raíces para aumentar la absorción de nitrógeno, uno de los nutrientes más escasos en el crecimiento de las plantas y que aumenta su biodisponibilidad con ayuda de las bacterias.

El propósito fisiológico de las plantas

El agua cumple con múltiples propósitos fisiológicos en la vida de una planta, entre ellos ayudar al crecimiento y al metabolismo. Al igual que el agua en la tierra funge como un medio de transporte (piensa en los ríos), así también lo hace el agua que se mueve a través de una planta, sirviendo como un conducto desde la tierra hasta el cielo y viceversa. Como resultado de esto, las plantas son capaces de convertir muchos de los elementos inorgánicos de la naturaleza que obtienen de la tierra, como calcio y magnesio, en componentes orgánicos, que a su vez ingerimos como "nutrientes" para alimentarnos (las verduras de hoja verde y las legumbres están repletas de calcio, necesario para tener huesos sanos; las nueces y semillas son buenas fuentes de magnesio, el cual se emplea en más de 300 reacciones bioquímicas en nuestro cuerpo). De hecho, cerca del 80 por ciento de las moléculas en una planta es transportado al interior de la planta a través del agua, y el 20 por ciento restante se elabora dentro de ella utilizando esos elementos inorgánicos. Esta conversión de minerales inorgánicos en nutrientes orgánicos se realiza con agua a través del tejido de la raíz y de la planta, y todo esto es regulado por la presión osmótica, que también ayuda a mantener la turgencia y postura erguida de una planta.

Las plantas "respiran" y "sudan"

De acuerdo con registros fósiles, las plantas han tenido "poros" —conocidos como *estomas*— durante cientos de miles de años. Los estomas juegan un papel fundamental en el control de dos de los procesos más importantes para las plantas —la fotosíntesis y la transpiración. La mayoría de los estomas se encuentra en las hojas, pero también pueden estar presentes en frutas, flores, tallos e incluso raíces, dependiendo de la planta. Las plantas "albinas" —que a menudo se cultivan para los coleccionistas— por lo general tienen estomas no funcionales, así que si planeas comprar una variedad bicolor, es recomendable no elegir una que tenga demasiadas hojas blancas, ya que las hojas blancas comprometen tanto la fotosíntesis como la transpiración y sólo las hojas verdes las mantienen. Es una de las razones por las cuales no existen muchas de esas plantas mutantes (bicolor) en la naturaleza; simplemente no son aptas para sobrevivir.

Por otro lado, los estomas funcionales permiten la dispersión de gas de dióxido de carbono del aire y la liberación de oxígeno. Sin embargo, también permiten la *transpiración* o el proceso por el cual se transfiere agua de la planta mediante la evaporación. La transpiración refresca a la planta de la misma manera en que el sudor refresca al ser humano. No obstante, al menos 90 por ciento de la pérdida de agua en las plantas ocurre mediante la transpiración. Es parte de la razón por la que una casa repleta de plantas caseras, como la mía, puede sentirse más húmeda.

Algunos se preguntarán cuál es la finalidad de que una planta pierda tanta agua, sobre todo dado que el agua es crucial en el ciclo de vida de una planta. A nivel macro, la transpiración es una parte importante del ciclo de agua de la tierra y la estabilidad ambiental —y mantiene las condiciones apropiadas para que una comunidad de plantas sobreviva en conjunto. El intercambio de vapor de agua entre las hojas y la atmósfera es suficiente para afectar el clima local y, en consecuencia, los patrones climáticos regionales y globales. Por ejemplo, las plantas individuales dentro de un ecosistema forestal actúan al unísono para regular sus condiciones predilectas de supervivencia. En parte, a esto se debe la práctica común de agrupar plantas en interiores a fin de aumentar la humedad para las variedades que más la desean. Las plantas que permanecen en conjunto, transpiran en conjunto.

La importancia de los resultados de la transpiración en un ecosistema natural —por ende, en sus plantas— puede resumirse mediante las observaciones que realicé durante un viaje a la isla caribeña de Antigua en 2005. Históricamente, la isla tropical tenía un clima más húmedo, algo que resulta lógico si se considera que alguna vez fue una de las islas más boscosas en el Caribe. Pero a medida que las selvas tropicales fueron taladas para plantar caña de azúcar durante la época colonial, el clima se volvió más caliente y seco, y rara vez llovía igual que cuando aún había bosque.

La realidad es que las plantas crean el ambiente en el que quieren vivir. La gran selva del Amazonas libera agua al aire y la devuelve a la tierra en forma de lluvia, a fin de mantener las condiciones climatológicas apropiadas para esa selva. El ascenso hidráulico de las raíces de los árboles también riega a las plantas a su alrededor, creando así un entorno estable. Al cortar un pedazo de bosque alteras el ciclo de agua —y esto no sólo afecta al bosque mismo, sino que además puede provocar sequías en otras partes del mundo, como sucede en lugares como São Paulo y el sur de Estados

Unidos. De acuerdo con un reporte publicado por Antonio Nobre, investigador del Centro de Ciencias del Sistema Terrestre en Brasil y la máxima autoridad en los modelos climáticos del Amazonas, una reducción de 40 por ciento de la selva tropical del Amazonas podría provocar que el área se transformara en sabana —y con el tiempo desaparecerían selvas intactas aún sin talar.[3]

Los grandes bosques no son los únicos conjuntos de plantas que ayudan a controlar macro y microclimas. Incluso un microcosmos de musgos en un sendero arbolado es capaz de reducir el flujo de aire a fin de conservar la humedad necesaria para mantenerlo flexible y verde. La vida buscará las maneras más extraordinarias de perpetuarse a sí misma. Y la mayoría de las veces, esa vida trabaja al unísono con otras formas de su tipo —y diferentes— para seguir existiendo.

Saber que las plantas pueden cambiar las condiciones climáticas locales para ajustarse a sus necesidades demuestra las poderosas maneras en que determinan nuestro entorno y deja al descubierto la gravedad de que dañemos esos ecosistemas. Quizá podamos aprender una lección de nuestras aparentemente "pasivas" aunque increíblemente proactivas amigas verdes: nosotros también creamos la comunidad y el mundo en que queremos vivir a través de nuestra energía, actitud y acciones diarias.

Entender cómo y por qué las plantas operan de esta manera te ayudará a obtener un conocimiento más profundo y una relación más sólida con ellas, dado que serás capaz de saber lo que necesitan de ti —y ver cómo se adaptan a su entorno o por qué no pueden hacerlo.

Las plantas y la tierra

No hay mejor ejemplo de una sociedad viva que la que existe entre las raíces de una planta y la tierra fértil donde habita. La tierra cumple múltiples propósitos y a menudo se utiliza para proteger las raíces de una planta, mantenerla arraigada y erguida, brindarle un medio nutritivo, ayudar a transportar aire y agua a sus raíces y proporcionarle un rico ecosistema para que prospere, equipado con todo: desde microbios hasta micelios.

Aunque está rebosante de vida —quizá permanece oculta a nuestra vista—, no solemos pensar en la tierra como un organismo vivo. Dado que la mayoría de nosotros no cuenta con un sofisticado microscopio electrónico a la mano para explorar las profundidades de la tierra, el modelo "ver para creer" podría resultar insuficiente. Las bacterias, arqueas, hongos, nematodos y protozoarios microscópicos abundan en un sustrato de tierra fértil.

Incluso una cucharadita (cerca de 4 gramos) de tierra fértil en un área boscosa podría contener de 100 millones hasta 1,000 millones de bacterias que son esenciales para el reciclaje de carbón y nitrógeno.[4] En esa misma cucharadita de tierra también podríamos encontrar entre 1.6 y 64 kilómetros de hifas fúngicas, cientos de miles de protozoarios[5] y cientos de nematodos, además de nutrientes y materia foliar. Todo esto contribuye a la salud de la planta y sus plántulas.[6] Las bacterias y arqueas pueden ayudar a liberar nutrientes para la planta; los hongos micorrízicos también aumentan la absorción de nutrientes, proporcionan resistencia contra los patógenos y reducen el estrés a nivel general. Adicionalmente, los contaminantes del aire y otros compuestos orgánicos volátiles (cov) como el benceno y el formaldehído pueden ser absorbidos a través de una planta para luego ser transformados en sustancias inofensivas en la rizosfera, también conocida como la interfaz raíz-suelo. Más aun, las raíces —aunque operan en la oscuridad subterránea— están en constante movimiento y comunicación. Se ha visto que pueden emitir sus propios cov para defender una planta de los patógenos —ofreciendo mayor protección a la salud general de la planta.[7]

Sin embargo, cuando criamos plantas en maceteros, las alejamos de la riqueza de este ambiente. Además, si decidiéramos recoger tierra de un entorno natural y ponerla en maceteros, reaccionaría de una forma completamente distinta en un ambiente cerrado —hasta podría llegar a dañar la planta. En cambio, lo que a menudo necesitamos es utilizar mezclas estériles para macetas y luego mejorar la calidad de la tierra al añadirle microbios benéficos, micorrizas y nutrientes e incluso airear la mezcla a medida que envejece. Emplear una mezcla para macetas con buen drenaje es de gran importancia ya que garantiza que las raíces de la planta permanezcan oxigenadas.

Podríamos abordar muchos otros elementos benéficos para las plantas, entre ellos la temperatura y el flujo de aire (ambos temas que explico a detalle en mi clase magistral sobre plantas caseras en internet), pero si consideras los factores de luz, agua y tierra estarás preparado para replantearte el rol que juegas en la vida de una planta. Si todavía no eliges una planta para tu hogar, entonces el siguiente paso es adquirir la que sea idónea para ti y tus condiciones. Toma en cuenta la información antes mencionada mientras eliges y luego construye un hogar para tus plantas —observa cómo reaccionan al espacio donde las colocaste y piensa si podrían necesitar algo que aún no han obtenido o incluso si están recibiendo algo en exceso, por ejemplo, si la tierra guarda demasiada agua y asfixia las raíces.

Una buena forma de mejorar nuestra capacidad de observación cuando se trata de plantas es destinar un día a la semana para su cuidado. Esta jornada de cuidado verde eleva mi alma y me llena de alegría por la vida —algo sumamente positivo tanto para mí como para mis plantas. Ése es mi domingo —un día que espero con ansias. Aunque cuido mis plantas durante toda la semana —recorro la casa por las mañanas para rellenar de agua a quien lo necesite, retirar flores marchitas o recoger hojas secas—, dedicar un día completo a mis amigas verdes transforma su cuidado de una tarea cotidiana a una actividad divertida. También me ayuda a monitorear y observar cambios positivos o negativos en ellas. Cada día aprendo de ellas, y mucho de lo que he experimentado a lo largo de los años es lo que ahora comparto contigo. Así que ve y planta.

EJERCICIO PARA COMENZAR A SEMBRAR: LUZ, PROYECCIÓN Y UBICACIÓN

1. **Encuentra la luz.** ¿En qué dirección apuntan tus ventanas? Si no estás seguro, observa en qué lugar sale y se pone el sol. Si aún requieres ayuda, la mayoría de los teléfonos inteligentes tiene una aplicación de brújula, la cual puede ayudarte a determinar la orientación precisa de tus ventanas. ¿A qué hora entra la luz a tu casa? Tal vez recibas una suave luz matinal o una cálida luz nocturna. ¿Cuánto tiempo dura la luz natural en tu casa? ¿Acaso la intensidad de la luz cambia por temporada o permanece igual a lo largo del año? Una vez que determines la dirección, calidad y cantidad de luz que entra a tu casa, empieza a investigar qué plantas se dan mejor en esas condiciones.

2. **Observa una planta y adivina sus necesidades.** La próxima vez que entres a una tienda de plantas, detente y observa los especímenes con detenimiento. Elige una planta en particular y ve si puedes intuir de dónde proviene y en qué tipo de clima o condiciones crece, ¿cómo son sus hojas?, ¿delgadas y cónicas?, ¿gordas y pulposas?, ¿son verdes y lustrosas o grises y velludas?, ¿tiene raíces gruesas, un bulbo o quizá delgadas raíces membranosas? Todas estas características pueden utilizarse para intuir más sobre una planta, además de sensibilizarte respecto a su cuidado.

3. **Haz que tu planta se sienta cómoda.** Una vez que hayas determinado qué planta es la mejor opción para tu casa, colócala en el sitio donde creas que se desarrollará mejor.

Obsérvala en un lapso de dos semanas. ¿Cómo reacciona al lugar donde la ubicaste? ¿El tallo se ha movido hacia la luz de la ventana? ¿Han crecido sus hojas? Si no está respondiendo bien, intenta ubicarla en otra área y observa su reacción en ese nuevo lugar. A veces encontrar la mejor ubicación para una planta toma tiempo e involucra un poco de ensayo y error.

Si eres un neófito de las plantas, quizá necesites un poco de orientación inicial para identificar las especies adecuadas para tu hogar y estilo de vida. Considera esta tabla una guía general que te llevará por un camino más seguro:

Al alféizar de mi ventana le pega mucho el sol → Cuando se trata de plantas, no me gusta ensuciarme las manos → Cactus y casi todas las suculentas → **Opuntia, Mammillaria, Astrophytum, Echeveria**

Al alféizar de mi ventana le pega mucho el sol → Le presto mucha atención a las plantas → Hierbas y algunas plantas florales → **Ocimum, Rosmarinus, Mentha, Pelargonium**

Tengo algo de luz solar directa → Tengo espacio para una planta grande → **Ficus elastica, Ficus lyrata**

Tengo algo de luz solar directa → Tengo espacio para una planta mediana → **Sansevieria, Dracaena**

Tengo algo de luz solar directa → Tengo espacio para una planta colgante → **Tradescantia**

Tengo algo de luz solar directa → Tengo espacio para una planta pequeña → **Saintpaulia**

Entra bastante luz por mi ventana, pero no entra mucho el sol → Tengo espacio para una planta grande → **Monstera deliciosa** o **Schefflera**

Entra bastante luz por mi ventana, pero no entra mucho el sol → Tengo espacio para una planta mediana → **Bromelia** o *Spathiphyllum*

Entra bastante luz por mi ventana, pero no da mucho el sol → Tengo espacio para una planta colgante → *Scindapsus, Epipremnum* o *Philodendron*

Entra bastante luz por mi ventana, pero no da mucho el sol → Tengo espacio para una planta pequeña → *Peperomia*

Tengo luz indirecta/a mi ventana no da mucho el sol → Cuando se trata de plantas, no me gusta ensuciarme las manos → *Aglaonema* o *Aspidistra*

Tengo luz indirecta/a mi ventana no le da mucho el sol → Le presto mucha atención a las plantas → *Adiantum, Asplenium* (u otros helechos) o *Maranta*

8

CULTIVA TU PROPIO ESPACIO VERDE

Olvidar cómo excavar la tierra y cómo cuidar el suelo es olvidarnos
de nosotros mismos.

—Mahatma Gandhi

Quienes contemplan la belleza de la tierra tienen reservas de fuerza
que durarán mientras dure la vida misma. Hay algo infinitamente sanador
en el coro de la naturaleza —la evidencia de que el amanecer sucede
a la noche y la primavera al invierno.

—Rachel Carson

. . . .

*De cierta manera, dedicarles tiempo a mis plantas, sobre todo durante
los meses invernales, es una forma de autocuidado. Sin plantas,
mi casa no sería un hogar.*

—Rachael

Cuando compartía mi departamento en Williamsburg con una amiga hace más de diez años, había muy pocas plantas en la casa. Para ser honesta, cuando me mudé a la ciudad por primera vez ni siquiera sabía cuánto tiempo me quedaría allí, así que tener plantas no estaba en mi futuro, por así decirlo.

Ahora, catorce años después, he echado raíces en Brooklyn al conseguir un hermoso departamento de la época de la posguerra en un antiguo edificio de acero y al crear una sólida comunidad de amigos. Si me sigues en Instagram, has visto mis videos en YouTube, has tomado la clase magistral o alguno de los talleres que imparto, habrás notado que mi hogar está lleno de plantas; tal vez pienses que es hermoso o al menos pacífico —y quizá te preocupe ser incapaz de crear tu propio santuario. Sin embargo, quiero asegurarte que mi casa no siempre tuvo la apariencia que tiene hoy. Fue a lo largo del tiempo —al seguir mi propia intuición e intereses, y mucho ensayo y error— que mi hogar citadino se convirtió en mi pequeño oasis verde.

Cuando viví sola por primera vez, me tomó muchos meses romper el hábito de quedarme en mi sala durante largos ratos. Sin embargo, con el tiempo comencé a caminar alrededor de la casa con mayor seguridad; exploraba cada habitación, quitaba el polvo del alféizar de las ventanas con la punta del dedo e incluso reacomodaba los muebles. Quería abrir el espacio, así que empujé las camas a las esquinas de las recámaras y descarté la mesita de noche y el segundo escritorio. Me deshice de la estorbosa televisión de la década de 1990 que se encontraba oculta tras una persiana japonesa, la cual conservé —se convirtió en el arriate perfecto para la trepadora *Epipremnum aureum* o potus. Los cambios fueron paulatinos y sucedieron cuando estuve lista.

Estas transformaciones surgieron a la par que comenzaba a cultivar hábitos y rituales, los cuales discutiré a profundidad en este capítulo. Siempre resulta tentador seguir tendencias y de pronto identificarse como una "persona de plantas", un "vegano ferviente" o un miembro de la brigada "cero residuos" a fin de practicar la conciencia plena. Todas estas cosas pueden ser positivas, pero una mentalidad saludable y pacífica en realidad comienza con algo más sutil e intangible aunque mucho más potente: una forma de ser más observador. Para mí, las plantas y los rituales que he creado alrededor de ellas me han ayudado a contribuir seriamente al entorno que me rodea —y a encontrar consuelo en una ciudad que no parece tener intenciones de bajar el ritmo.

No bromeo cuando digo que organizar mi vida en torno a la naturaleza me ha hecho poner los pies en la tierra mientras el mundo a mi alrededor ha sido arrancado de raíz. Hasta hace algunos años, cerca de mi casa había una tienda de restauración de muebles antiguos, dos instalaciones de carpintería y otra más moderna de acerería. Ahora se han mudado un bar deportivo, una ostentosa cafetería, un consultorio dental y una tienda de plantas —en ese orden. Aunque el entorno circundante (e incluso su ritmo) ha cambiado desde mi llegada, los rituales diarios con mis plantas han permanecido inalterados, lo cual me ha hecho sentir en casa.

Mi departamento, donde albergo mis plantas, dista mucho de ser perfecto —las cañerías no funcionan bien, las ventanas son difíciles de abrir y cerrar y estoy casi segura de que carecen de aislamiento, dada la manera en que las corrientes de aire frío durante el invierno llenan las habitaciones con una helada tenacidad. No obstante, éste es mi propio espacio verde, el cual me brinda la claridad espiritual y emocional que llevo conmigo adondequiera que voy. En este capítulo aprenderás cómo empezar a construir el tuyo.

Tu jardín como un ritual

Aunque los jardines chinos tradicionales tuvieron gran influencia en la jardinería japonesa, esta última desarrolló su propio estilo distintivo inspirado por la topografía y los paisajes naturales del país. El *Sakuteiki*, publicado en el siglo xi, es el tratado más antiguo que se conoce sobre jardinería y sigue siendo relevante para los diseñadores de jardines de la actualidad. El flujo o asimetría del jardín, la disciplina de colocar las piedras, los tipos de artefactos y la forma en que un sendero avanzaba o se detenía, por ejemplo, están repletos de simbolismo, pensamiento y significado. Es probable que al caminar por un jardín japonés no nos percatemos de muchas cosas puesto que no estamos suficientemente familiarizados con la cultura como para entender los niveles de significado que encierra dicho espacio verde. Quizá sólo advirtamos la presencia de un interesante pino o una flor de loto en pleno esplendor, pero a menudo el diseñador de este tipo de jardines ha buscado provocar la reflexión y el pensamiento profundo de quienes caminan por él.

Por ejemplo, el jardín del té está impregnado de simbolismo. Los senderos hacia las casas del té suelen ser interpretaciones de las rutas que los peregrinos tomaban a través de las laderas de las montañas, y las plantas recolectadas para adornar los jardines fueron elegidas para reflejar lo mismo. Los portales o puertas que conducían al salón del té con frecuencia eran bajos, lo cual obligaba a los visitantes a agacharse al entrar, algo que era considerado un acto de humildad, y simbolizaba que el mundo material había quedado atrás y que había llegado el momento de dedicar tiempo a la introspección, la contemplación y una conciencia superior.

El domingo lo utilizo justamente para este propósito. Es mi "día sagrado", una jornada que dedico exclusivamente a mis plantas —a ponerlas en macetas, regarlas, reproducirlas y llevar a cabo todas las encantadoras tareas relacionadas con su cuidado. No me gusta hacerlo presionada, pues es un momento para la conciencia y observación; es la principal razón por la que rara vez programo reuniones ese día.

Para mí, el domingo es una "meditación activa" que debe estar libre de pensamientos limitantes o preocupaciones. Este ritual me permite disfrutar los beneficios espirituales, emocionales y físicos del cuidado de las plantas. El gran monje budista zen de Japón, Hakuin Ekaku, dijo: "Meditar mientras se realiza una actividad es mucho mejor que hacerlo en la quietud".

Yo he descubierto que es cierto, sobre todo cuando se trata de mis plantas, al igual que para muchas otras personas en la comunidad verde:

En momentos de mucho estrés, enfocarme en atender las necesidades de mis plantas y apreciar su crecimiento me hace sentir relajada y tranquila. Cuando me siento en el piso de la sala de estar, es reconfortante observar la pequeña jungla que se despliega ante mí —una distracción que nunca me canso de ver. Hace poco me hice de un espacio al aire libre para practicar jardinería, y el esfuerzo físico de atender un jardín o patio tiene un efecto meditativo y tranquilizador. Es sumamente satisfactorio. —Jessica

Cuando cuido mis plantas me siento serena y tranquila. Es como un ritual o meditación que me hace bajar el ritmo y relajarme a profundidad. Ahora no puedo imaginar mi vida sin ellas. —Sarah A. @clandestine_thylacine

Hace poco sufrí un problema de salud inesperado y una pérdida muy difícil de enfrentar. Me obligué a pararme del sillón para regar mis plantas. Éste fue un primer paso, pero recuerdo la ligera sensación de logro después de hacerlo. Con ese pequeño estímulo, me tomé un momento para de nuevo obligarme a salir de mi hibernación e ir a recoger el correo del buzón. De camino, observé que mis flores de aster aromático y la hierba rosada *Muhlenbergia capillaris* florecían. Cuando me acerqué para analizarlas a detalle, cinco mariposas monarca revolotearon a mi alrededor y me percaté de que era el inicio de la temporada migratoria de las monarcas. Cada vez más, salía de mi casa para ver cuántas mariposas había y si podía fotografiarlas. En el camino, veía una hierba o dos y las arrancaba. Una hora después seguía afuera de mi casa y veía a un colibrí revolotear alrededor de mi *Salvia*. Esa conciencia plena que se arraigó en mí, al estar en el jardín, me ha ayudado durante el proceso de sanación. La jardinería es una actividad que te obliga a poner los pies en la tierra y que me ayudó a ubicarme en el momento presente y volver a mi centro. —Susan Morgan

Soy intérprete de música clásica, así que la mayor parte del tiempo practico en interiores... Las plantas me ayudan a crear una atmósfera tranquila que fomenta la concentración. De hecho, coloco plantas frente al lugar donde me siento a practicar para evitar la tentación de pararme y hacer otras cosas. —Marissa Takaki

El día que mi compañera de departamento se mudó a otro lugar fue cuando empecé a establecer rutinas alrededor de mis plantas. Cuando lo hizo, vendí casi todos nuestros muebles y de pronto el departamento se quedó vacío, tan vacío que cuando hablaba lo suficientemente alto, un eco resonante reverberaba en las paredes de ladrillo expuesto. Quería una planta que fuera lo bastante grande como para ocupar ese espacio —pero no tan amplia como para impedirme cargarla y subirla por las escaleras, ya que la mayoría de los departamentos antiguos tipo loft no cuentan con elevadores.

Compré mi primera planta en la tienda de mi localidad, Sprout Home. Fue una *Ficus lyrata* o higuera hoja de violín, una especie originaria de las tierras bajas de la selva tropical de África occidental, que ahora se ha convertido en el icónico y escultural árbol de hojas grandes que figura en el lobby de los rascacielos de vidrio que han comenzado a poblar mi vecindario.

Coloqué la higuera entre dos ventanas orientadas al suroeste —en la que entonces era mi recámara, pero que ahora se ha convertido en mi estudio. Era perfecta. La luz del sol se filtraba a través de las hojas, produciendo la más gloriosa frondescencia dorada y verde que generaba una sensación de familiaridad y misticismo. Al igual que con cualquiera de las plantas que compro, jamás las abandono en una habitación y retomo mi vida como si nada. Más bien me permito experimentar esa sensación mientras contemplo con admiración a la otra criatura viviente que ahora se halla en mi presencia. Después de todo, las plantas están ahí para ser admiradas y cuidadas, para que ellas a su vez cuiden de ti —al limpiar tu aire, calmar tu mente y literalmente acceder a tu necesidad antigua y biológica de sentirte conectado con la naturaleza.

Este último punto es importante y quizá la verdadera razón por la que inicié mis aventuras con las plantas y escribí este libro. Quienes hemos elegido vivir en ciudades, rodeados por cuatro paredes, aceras de concreto y calles de asfalto somos quizá quienes más requerimos nuestro pequeño oasis verde —al aire libre, en nuestros hogares y en nuestros corazones. Retomando la idea de Tama sobre las plantas "prisioneras de guerra", yo argumentaría que somos nosotros quienes nos hemos vuelto prisioneros —alejados de nuestro Jardín del Edén. No es necesario citar las últimas investigaciones al respecto para convencerte, porque lo sabes; y yo lo veo cuando la gente entra a mi hogar. Hay algo en la naturaleza silenciosa, curiosa y persistente de las plantas que nos trae una alegría inconmensurable a niveles muy profundos. Incluso en un día de calor insoportable, la mayoría de las personas preferiría caminar por una calle arbolada que por una carente de naturaleza. Gravitamos hacia ella porque es hermosa, pacífica y revitalizante.

No recuerdo bien cuál fue mi segunda planta casera, aunque en realidad no creo que importe mucho. Desde que compré mi primera planta, ha emergido una especie de ecosistema interior —sin duda una manifestación externa de mi deseo de estar cerca de la naturaleza, mientras persigo lo que amo en la "jungla urbana". A menudo he dicho que la razón por la cual sobreviví en esta ciudad durante tanto tiempo fue porque llevé la naturaleza al interior de mi hogar y desarrollé un ritual alrededor de mis plantas. Y ahora las plantas han hecho de estas cuatro paredes su hogar, al igual que yo. Literalmente han echado raíces —y yo también.

Cuando mi hogar y su fecunda vegetación se hicieron virales en el verano de 2016, la situación me tomó totalmente por sorpresa. Claro, las plantas son geniales y están viviendo su "momento de fama" —y, por supuesto, la enorme cantidad de ejemplares tuvo algo que ver en todo esto (hoy tengo alrededor de 550 especies y 200 variedades de plantas, así como más de 1,000 especímenes individuales), pero la fascinación que muchas personas sintieron por mi espacio estaba relacionada con algo mucho más grande.

Al leer las preguntas de la gente en internet, abrir mi hogar a personas involucradas en la meditación y para realizar recorridos, acompañar a voluntarios y transeúntes a recorrer nuestros jardines comunitarios, impartir talleres públicos, privados y en línea, y embarcarme en la aventura de dirigir un negocio relacionado con las plantas, comencé a preguntarme cosas de mayor relevancia: ¿por qué estas plantas generan fascinación en la gente?

Sufro de ansiedad y depresión estacional... Leí en algún lugar que las plantas, las velas y las texturas orgánicas suaves sirven para crear una sensación de calidez, o *hygge*, en tu hogar. Comencé a coleccionar plantas y a cuidar mejor las que ya tenía en casa. Empecé a leer sobre el cuidado de las plantas y no sólo me ayudaron a sentirme mejor desde un punto de vista estético, sino que también disfrutaba cuidarlas; verlas crecer me hacía sentir que lograba algo. —Katey

Cuidar plantas me brinda mucha satisfacción. Es maravilloso verlas crecer, aprender lo que les gusta y disgusta. Cuando entro en mi habitación y veo mis plantas, mi corazón aletea un poco. Todas son mis hijas. —Alexis Ortiz

No vivo en el mejor de los departamentos, así que decidí hacerlo más acogedor y 'habitable'. Primero conseguí algunas plantas y me sorprendí al ver cuánta vida le daban al lugar. Ahora tengo tantas plantas como puedo acomodar. Creo que eran justo lo que necesitaba —algo que creara una atmósfera segura, cálida y hogareña. —Julius R.

Por supuesto, una parte de esta fascinación tiene que ver con la habilidad aparentemente extraña/misteriosa de mantener una planta con vida —ni qué decir de cientos de plantas—, pero ése es sólo el asombro superficial. Lo que subyace tras esa fascinación es la manera en que mis plantas crean una sensación única de lugar y hogar. La gente conecta con la idea de que cuidar plantas involucra cuidarse a uno mismo al crear el ambiente en que quieres vivir —tanto dentro como fuera de la casa—. Y ésa es, por mucho, una de las mejores lecciones que nos pueden enseñar las plantas.

La naturaleza inspira el ingenio

Mis plantas me saludan cada mañana cuando me despierto. Es difícil no pensar en ellas, puesto que siempre están presentes. Se han convertido en un elemento tan importante de mi departamento que bien podrían ser una extensión de las paredes y otros muebles. Supongo que por esta razón elevo mis plantas al estatus de "arte viviente".

Nadie puede negar cuán hermosa es la madre naturaleza. Intuimos la belleza del orden y la secuencia en las higueras hoja de violín, los frutos del pino (piñas) y los girasoles, incluso aunque seamos incapaces de explicar por qué son dignas de admiración. Por esta razón, la naturaleza ha inspirado grandes obras de arte desde el origen de la cultura, desde las representaciones de plantas de la antigua Mesopotamia y Egipto hasta la Escuela de Pintores del Río Hudson.

Los escritos en el *Sakuteiki*, el texto japonés sobre jardinería del siglo XI, incluso sugieren: "Visualiza los famosos paisajes de nuestro país y comprende sus puntos más interesantes. Recrea la esencia de estas escenas en el jardín, pero hazlo de forma interpretativa y no estricta." El texto nos instruye a inspirarnos en la naturaleza, a sembrar como ella, sin interpretar esto literalmente. En el proceso, la interpretación humana se convierte en arte. Por fortuna para nosotros, las plantas facilitan la visión de la belleza.

¿Y acaso mi hogar no constituye una imitación domesticada de la naturaleza? Yo lo considero algo así como un intento artístico de exhibir cómo se vería la naturaleza si ésta creciera dentro de una caja hecha con ladrillo, vidrio y cemento, atendida por la mano humana. No obstante, a diferencia de la mayoría de las pinturas y esculturas, la vida verde de mi departamento es siempre cambiante. Por otro lado, ¿acaso estar en presencia de la naturaleza inspira la creación —y, por ende— da lugar a réplicas y representaciones de ella? La poderosa energía palpable (y a la vez silenciosa) de la naturaleza trae consigo esa creatividad —incluso en términos cuantificables, como lo ha ejemplificado la ciencia—, por lo que resulta innegable que los humanos estamos en contacto con una fuerza subconsciente que está presente todo el tiempo aunque no siempre se reconozca. Nos referimos a nuestras creaciones como "descubrimientos" e "inventos", sin embargo, no son más que nuestras interpretaciones e intentos por recrear lo que en el fondo sabemos que es "perfecto".

Rodearte de la belleza de la naturaleza sin duda te brindará una sensación de calma. Alrededor de cuatro veces al año, ofrezco mi casa para que las personas en la ciudad vengan a meditar. Quienes visitan el lugar por primera vez suelen maravillarse ante la magnitud de las plantas y se quedan boquiabiertos a la entrada mientras se quitan los zapatos. La mayoría de las veces la gente sale de mi espacio con una nueva apreciación y deseo de incorporar plantas en su vida. La puesta en escena en mi hogar no resulta abrumadora debido a que cada planta se siente cómoda "en su lugar", pero sí es impresionante. Una enorme *Monstera deliciosa* trepa por una viga llena de musgo; un *Epipremnum aureum* cae en cascada alrededor de un espejo de cuerpo entero tan sólo para escalar por el otro lado. Un conjunto de filodendros y potus de varias especies se abre camino y rodea un pilar de madera y una *Hedera helix* ocupa cada grieta o resquicio capaz de acomodar sus ásperas raicillas semejantes a las cerdas de un cepillo. Las plantas claramente han construido su hogar aquí, al igual que yo; y me hace feliz de cierta manera compartirlo con otros.

Las plantas son criaturas inherentemente pacíficas —o quizá su propia naturaleza inspira paz. Si tienes plantas en tu hogar, es probable que lo reconozcas; a otros dueños de plantas no les sorprendería saber que existe evidencia de que las plantas de interior reconfortan, tranquilizan e incluso fomentan la creatividad en aquellos que se encuentran en su presencia. Esto da lugar a una teoría fundamentada y popularizada por el biólogo E. O. Wilson: que la gente tiene una inclinación natural por asociarse con la naturaleza, un término conocido como *biofilia*. En suma, queremos rodearnos de plantas; en el fondo nos hacen sentir en casa. Para todos aquellos que elegimos vivir con plantas, es una manera de regresar a nuestro metafórico y espiritual Jardín del Edén.

La naturaleza inspira la unión

—Tu nombre es Summer Rayne —me dijo en una ocasión un conductor de Uber.

No lograba descifrar si lo decía a manera de pregunta o afirmación. Sus ojos miraron a la distancia con nostalgia y luego brillaron cuando levantó la cabeza para mirarme por el espejo retrovisor.

—Sí. ¡Lo dices de forma tan apasionada! —señalé.

—Bueno —dijo, volteando por encima de su hombro derecho con una sonrisa—. En India, de donde es mi familia, siempre festejamos la primera lluvia del verano. Posee un olor especial; un aroma dulce y terroso.

Conozco muy bien el aroma al que se refería con tanto anhelo.

Aunque nunca había viajado a la India para presenciar la primera lluvia del verano, crecí en el bucólico noreste de Pennsylvania. El bosque de Penn, el nombre que recibe esta parte del país, es un lugar ideal para crecer si eres un niño interesado en las plantas dado que abundan en el estado, el cual además posee una historia geológica única. Yo amaba caminar por el bosque que se encontraba detrás de mi casa; el primer deshielo traía consigo las flores de primavera, como los lirios de trucha (*Erythronium americanum*), cuyos llamativos gorros color azafrán colgaban como estrellas fugaces sobre tallos que surgían de hojas de tonos rojizos y verdes que imitaban la luz moteada del lecho forestal. Los turgentes botones color verde lima sobre los árboles, encerados y pulidos a la perfección, señalaban la llegada oficial de la primavera.

Sin embargo, los días otoñales bañados en el rocío matinal eran mis favoritos. Ése era el momento en que un bosque estaba más fecundo con la ambrosía del seno de la tierra. Las flores del avellano de bruja (*Hamamelis virginiana*), que parecían estar atadas como listones amarillos desgastados a tallos delgados y huecos, impregnaban el aire con su modesta fragancia; capas de hojas caídas, empapadas por el lamento invernal de la noche anterior, se pegaban a las suelas de mis mocasines viejos; y el aroma profundo y rico del humus se elevaba —como un arpegio de perfume te-rrenal—, saciando mis pulmones.

El olor a tierra mojada es tan complejo y variado como el de un buen vino para un maestro sommelier, pero su esencia subyacente es inequívo-ca. Curiosamente, no me rencontré con este olor en el bosque sino durante una visita con un perfumista en Ciudad del Cabo. Tammy Frazer de Frazer Parfum me preguntó cuál era mi olor favorito en todo el mundo. Entonces describí mis caminatas de temporada en el bosque. Buscó algo detrás de la caja de la tienda y extrajo un pequeño frasco de vidrio de un cajón.

—Es *geosmina* —me dijo.

"No es el nombre más romántico", pensé, pero inhalé profundo. Ése era el olor: habían logrado embotellar el aroma de un paseo por los bosques de Pennsylvania. Resulta que la *geosmina* no es endémica de estos bosques. Su nombre deriva del griego, literalmente significa "olor a tierra", y es un compuesto que no es producido por la tierra sino por los microbios, las al-gas y los hongos que viven en ella o en ambientes acuáticos cercanos. Las actinobacterias y mixobacterias suelen estar presentes con más frecuencia en la tierra. Durante la temporada seca, los microbios liberan mixosporas, el equivalente a las esporas en los helechos que pueden asirse y disemi-narse con facilidad a través del aire y de las plantas de los pies, así como en plumas o pieles. Sin embargo, el milagro reside en el hecho de que en cuanto la lluvia apaga las sedientas fauces de la tierra firme, ésta se hinche del nacimiento arcilloso de la vida microbiana. Las mixobacterias, que se alimentan de materia en descomposición, pueden "pulular" en la superfi-cie de la tierra como una baba membranosa invasora; y las actinobacterias producen micelios extensos, similares a los hongos, y a menudo viven en simbiosis con raíces de plantas de una forma parecida a los hongos, fijan-do el nitrógeno a cambio de algunos de los azúcares de la planta: ¡un ver-dadero intercambio vecinal!

Estos microbios son los que le otorgan ese sabor terroso al betabel, los hongos, las carpas y las almejas. También proporcionan múltiples antibióticos para la salud humana y animal —y también sirven como base para muchos insecticidas y pesticidas, dado que su naturaleza protege y ayuda a las plantas. Además, se encuentran en todos los rincones del planeta —desde la gélida Antártida hasta los trópicos, desde el nivel del mar hasta los picos montañosos más altos, y en las selvas tropicales más densas e incluso en los desiertos más secos. Así es como este "olor a tierra" se ha convertido en el aroma característico después de una lluvia alrededor del mundo. Y aunque algunos tenemos mayor sensibilidad a los olores que otros, la persona promedio sólo puede detectar 0.7 partes por billón de geosmina. El hecho de que una cantidad tan diminuta pueda desencadenar tal estimulación de los sentidos y hacer aflorar la memoria primitiva ha generado la hipótesis de que el olor ayudó a guiar a nuestros primeros ancestros a la fuente más cercana de alimento, luego de largos periodos de sequía.

Aunque mi taxista y yo crecimos a casi 13,000 kilómetros de distancia, ambos disfrutamos de una experiencia compartida, tan común y, sin embargo, extrañamente compleja como el olor a tierra. Rara vez camino por el bosque en la ciudad para rememorar mis excursiones de la infancia; y tras despedirme de mi taxista, me pregunté si él habría vuelto a oler tierra fresca luego de partir de su país de origen.

Experiencias como ésta pueden forjar una fraternidad inesperada con otros seres humanos si estás abierto a ella. Por supuesto, lo más fácil sería adornar nuestras casas con plantas y detenernos ahí, sin embargo, dada nuestra naturaleza social, muchos queremos compartir estas experiencias con otros. Las redes sociales se han convertido en un lugar activo para compartir historias y sentirse inspirados por otros, pero siempre me ha resultado difícil establecer conexiones profundas a través de las redes sociales porque las interacciones existen estrictamente en nuestros teléfonos celulares o en nuestra computadora.

Un día quise saber si mis seguidores en Instagram, a quienes yo también seguía, estarían interesados en reunirse. Compartí una publicación en la que preguntaba si a alguien le interesaría participar en un intercambio de plantas. Para mi sorpresa, al menos cincuenta personas respondieron y desde entonces comenzó una serie de intercambios —y no sólo en Nueva York. Esos intercambios inspiraron a otros a organizar eventos similares alrededor del mundo. El intercambio de plantas es una manera increíble de unir a la gente y puede ser tan relajado o formal como lo desees. Las reglas fueron bastante sencillas: llevar una buena actitud y al menos una planta libre de plagas, en maceta o con la raíz descubierta, para intercambiar. Si deseabas intercambiar una planta, tenías que hablar con la persona con la que querías hacer la transacción y, como resultado, se forjaron muchas amistades y vínculos, lo cual a su vez dotó de mayor significado y más conectividad a la gente ubicada al otro lado de nuestros teléfonos móviles.

Mi jardín comunitario es otro lugar que crea un espacio para que la gente se reúna. Muy parecido a un edredón de parches de participación e ideas, el encanto de un jardín comunitario reside en las contribuciones colectivas de aquellos que participan en su crecimiento y mantenimiento. De no ser por mi jardín, no hubiera tenido el placer de conocer a la mayoría de la gente de la comunidad que realiza labores de jardinería ahí. Estas conexiones no sólo me animaron a enfocarme en mi propia parcela, sino también a contribuir al jardín en su conjunto. Una lección importante que he aprendido, como dije antes, es que tú creas la comunidad en la cual quieres vivir:

> Hallé refugio al aprender sobre las plantas —cómo cuidarlas, de dónde provienen, cómo reproducirlas... Con el tiempo descubrí una comunidad de plantas en Instagram, hice algunas amistades locales y en verdad me encontré a mí misma desde que convivo con plantas. Amo mi trabajo como profesora, pero ahora siento que tengo un verdadero pasatiempo con el cual comprometerme, al cual puedo dedicar mi tiempo, en el cual enfocarme y que me aleja del estrés de la academia. Con toda honestidad puedo decir que las plantas me ayudaron a recuperarme de algunos traumas

y a pasar a una nueva etapa en mi vida con la cual estoy contenta. —Sabrina

Siempre me gustaron las plantas, pero lo que me hizo expresar
mi amor por ellas [mucho más] fueron las personas que conocí a
través de una comunidad de plantas caseras, en internet y en el
mundo real. Acudí a mi primer encuentro de plantas en octubre
de 2017 e intercambié algunos ejemplares. Cuando observo cuánto han crecido [las plantas] desde entonces, pienso en aquellos
con quienes las intercambié. —Sammy

Sufro de terribles altibajos emocionales que llegaron sin previo
aviso. Desde que introduje plantas en mi hogar, he sentido paz por
primera vez en mucho tiempo. Me hacen feliz, me dan una razón
para levantarme de la cama y, lo más importante, la comunidad de
las plantas es una de las más generosas a las que he pertenecido.
—Ellie Lang

Una vez que hayas incorporado las plantas a tu vida con éxito, ¿por qué no
llevarlo un paso más allá y construir —o unirse— a una comunidad de personas con intereses similares? Hacer esto no es más que otra forma de
combatir la soledad tóxica de vivir en interiores en la actualidad.

Las plantas nos inspiran a alcanzar nuestro máximo potencial

Mientras escribía este libro, recibí una llamada de mi amigo y colega Allan
Schwarz, el arquitecto y conservacionista forestal que mencioné previa-
mente, quien descubrió las suculentas *Lithops* en el desierto de Namibia
cuando servía en el ejército. No me llama tanto como solía hacerlo, pero
cuando lo hace, sé que se trata de algo importante.

Allan no es alguien que se quede de brazos cruzados cuando alguien o algo lo necesita. Si lo dejas hablar sobre su trabajo el tiempo suficiente, verás cómo los ojos se le llenan de lágrimas. Es una labor dura, muy satisfactoria pero a la vez ingrata, y forma parte de su identidad. Me llamó ese día para contarme sus penas. Mientras hablaba, percibí altivez en su voz, aunque también algo de derrota; en el fondo, sabía lo que sentía.

—No te aburriré con la típica mierda del gobierno cleptocrático —comenzó—. Pero debo pensar seriamente si puedo continuar haciendo esto —declaró con algo de incredulidad—, cada vez estoy más viejo y no sé cuánto tiempo...

Lo interrumpí porque no quería escucharlo decir lo que se sentía obligado a decir. Sé que darse por vencido después de veinte años de trabajo sería como arrancarse los brazos o renunciar a su primogénito.

—¿Por qué no te tomas el mes de septiembre para pensar todo con tranquilidad? —le pregunté—, ordena tus ideas y analiza de modo objetivo qué es lo más importante y realista.

La gente como Allan no es una en un millón —sino más bien como una en cien millones o una en quinientos millones. Él hace que los árboles vuelvan a crecer en regiones deforestadas para conservar y sanar la tierra, a fin de que las especies originarias de esas zonas no sólo sobrevivan sino que prosperen. He pasado tiempo con él recolectando semillas, sembrando plántulas y extrayendo aceites —sin embargo, eso no se compara con las décadas de trabajo, ternura y tenacidad que él ha dedicado a la tierra, sus plantas y su gente.

Me atrevería a decir que quienes elegimos o nos regalaron este libro, se nos ha obsequiado el cuidado y el amor que Allan profesa por las plantas y los ecosistemas de los cuales provienen. No siempre tenemos la capacidad o la mentalidad para realizar un trabajo como el de Allan, ni siquiera la habilidad u oportunidad de ver algunos de los ecosistemas sobre los cuales escribo, pero debemos reconocer que todos tenemos un lugar donde podemos realizar cambios positivos —en nuestra vida y en la de otros— sin importar nuestro rol; sobre todo ahora que sabemos mucho más sobre lo que las plantas pueden enseñarnos. Tal vez no existan muchas personas como Allan en el mundo —que hayan dedicado su vida a conservar las plantas que amamos y las que nos quedan por amar— y quizá no existan muchos cultivadores, pero sé que sí hay muchos amantes de las plantas —y los que están por amarlas. Y juntos podemos realizar cambios positivos, tanto a nivel individual como colectivo.

La naturaleza nos brinda un verdadero regalo —y rara vez pide algo a cambio, más allá de que cuidemos de ella en tiempos de necesidad. La naturaleza no puede reemplazarse con todas las plantas caseras del mundo. Sin embargo, las plantas caseras sí pueden compartir la historia original de cómo llegaron a nuestros hogares, despertar nuestra curiosidad —como un reflejo de lo que sucede a nivel global más allá del centro de jardinería— e incluso también, en su forma silenciosa y modesta, inspirarnos para convertirnos en mejores guardianes de la tierra. Ésa es una de las lecciones más importantes que he aprendido de mis plantas. Es la razón por la cual animo a la gente a ver que no sólo se trata de reverdecer nuestros hogares, sino también de salir a nuestras comunidades y al mundo para hacer una diferencia. En todo caso, las plantas nos brindan una sensación de paz y pertenencia, y si consideramos este mundo —más allá de nuestras cuatro paredes como nuestro hogar, entonces no se me ocurre nada mejor que comenzar a cuidar una planta.

AGRADECIMIENTOS

Ningún libro se produce en aislamiento y *Cómo despertar el amor de una planta* no es la excepción. En primera instancia, quisiera expresar mi enorme agradecimiento a Tony Gardner, mi querido amigo y agente literario; no sólo eres un apoyo constante, sino que además siempre estás dispuesto a dedicar un tiempo de tu día a escucharme cuando necesito hablar. "Todo es parte del servicio", me dices, pero sabes que siempre vas más allá de tus deberes. El simple hecho de trabajar contigo me hace querer escribir más libros.

A mi colega Starre Vartan, quien me ayudó cuando comenzaba a escribir este libro. Con frecuencia un escritor puede involucrarse demasiado con su propio trabajo, así que te estaré eternamente agradecida por tomarte el tiempo de servir como mi lector y crítico. Un gran reconocimiento a Mark Conlan por sus hermosas ilustraciones. Decidí contactarte porque me encanta lo que haces y me siento honrada de que hayas accedido a ilustrar mi trabajo y mi clase magistral sobre plantas caseras. Tu talento creativo revitaliza las páginas de este libro.

Agradezco de todo corazón a Sander van Dijk —socio, contraparte creativa y amigo. Has soportado muchas conversaciones sobre plantas —y estimulas mi pasión de muchas maneras. Tu amabilidad, generosidad y apoyo a lo largo de los años han sido ilimitados y siempre estaré en deuda contigo. A Damon Horowitz, quien me animó a crear el blog Homestead Brooklyn desde el principio; de no haber sido por tu sugerencia inicial, este libro jamás se hubiera materializado. Y a mi otro amigo y contraparte creativa, Joey L., quien se ha vuelto parte de mi familia en esta gran ciudad a la que llamamos hogar.

Al equipo de Optimism Press. Primero, a mi amigo y compatriota Simon Sinek, ¿quién hubiera pensado que un encuentro casual en un taxi derivaría en una amistad y relación de trabajo? En todo el tiempo que llevamos de conocernos, siempre has sido sumamente solidario. Gracias por creer en mí y por darle vida a este libro bajo tu sello editorial. Y al resto del equipo. Mi editora, Leah Trouwborst, quien me animó a pensar en grande y a mejorar este material —y por estar abierta a todas mis sugerencias. Toni Sciarra Poynter: gracias por haberte sumado al proyecto. Escuchaste mis ideas con paciencia y lograste sintetizar algunos de los aspectos más sensibles y destacados que le dieron a este libro su forma actual. Y Adrian Zackheim, Helen Healey, Christopher Sergio, Madeline Montgomery, Marisol Salaman, Tara Gilbride, Olivia Peluso, Jean Hartig, Sally Knapp, Meredith Clark, Gabriel Levinson, todo el equipo de *Start with Why* (*Empieza con el porqué*) y cualquier otra persona a quien aún estoy por conocer o que haya olvidado mencionar: ¡gracias!

En especial quisiera agradecer a todas las personas que entrevisté para este libro, incluyendo a aquellas que quedaron fuera de sus páginas. Entre ellas se encuentran: Peter Fraissinet, William L. Crepet, Anna Stalter, Lawrence McCrea, Chad Husby, Chad Davis, Munther Younes, Bruce Bugbee, Richard Lenat, Steve Rosenbaum y Bob Hoffbauer. Y a mis profesores y mentores a lo largo de los años: Ernie Keller, Chet Kowalsky, el difunto Tom Eisner, Barbara Bedford, Ellen Harrison, Tom Gavin, Bobbi Peckarsky, Allan Schwarz, Wade Davis, Martin von Hildebrand y muchos otros. También ofrezco mi más sincera gratitud a toda la gente alrededor del mundo que se mostró abierta y vulnerable al compartir sus valiosas historias personales conmigo para este libro. Espero que puedan ver el gran valor que aportaron, no sólo al texto sino al resto de los lectores de *Cómo despertar el amor de una planta*.

A mis lectores u oyentes (en el caso del audiolibro): gracias por apoyar lo que he escrito. Espero que les brinde mucha alegría e inspiración; y los invito a aprender más sobre el hermoso mundo de las plantas a través de mis otros canales, en YouTube, Instagram, Facebook y mis páginas homesteadbrooklyn.com y houseplantmasterclass.com.

Por último, aunque no menos importante, gracias a mi familia: mis padres, Bob y Diane; mis abuelos, Smittie y Lil; y mi hermano, Travis. ¡Gracias por celebrar mi rareza!

NOTAS

Capítulo 1. La migración masiva

1 "More Americans Move to Cities in Past Decade. Census", Reuters, 26 de marzo de 2012, https://reuters.com/article/usa-cities-population/more-americans-move-to-cities-in-past-decade-census-idUSL2E8EQ5AJ20120326

2 "Millennials Prefer Cities to Suburbs, Subways to Driveways", Nielsen, 4 de marzo de 2014, http://nielsen.com/us/en/insights/news/2014/millennials-prefer-cities-to-suburbs-subways-to-driveways.html.

3 "68% of the World Population Projected to Live in Urban Areas by 2050, Says UN", Departamento de Asuntos Económicos y Sociales de las Naciones Unidas, 16 de mayo de 2018, https://un.org/development/desa/en/news/population/2018-revision-of-world-urbanization-prospects.html

4 Nelson, Bailey y Brandon Rigoni, "Few Millennials Are Engaged at Work", Gallup, 23 de enero de 2019, https://news.gallup.com/businessjournal/195209/few-millennials-engaged-work.aspx

5 Primack, Brian A., Ariel Shensa, César G. Escobar-Viera, Erica L. Barrett, Jaime E. Sidani, Jason B. Colditz y A. Everette James, "Use of Multiple Social Media Platforms and Symptoms of Depression and Anxiety: A Nationally-Representative Study Among US Young Adults", *Computers in Human Behavior* 69 (2017), pp. 1-9.

6 Calfas, Jennifer, "Millennials Spend a Big Part of Their Work Day Stressed Out By Their Finances", *Money*, 1 de junio de 2017, http://time.com/money/4794497/millennials-finances-money-stressed-work.

7 Dugan, Andrew y Stephanie Marken, "Student Debt Linked to Worse Health and Less Wealth", Gallup, 7 de agosto de 2014, http://news.gallup.com/poll/174317/student-debt-linked-worse-health-less-wealth.aspx.

8 Investigaciones sobre jardinería, Encuesta Nacional de Jardinería, edición 2016.

Capítulo 2. Nuestra necesidad de naturaleza

1 Tan, Audrey, "Not a concrete Jungle: Singapore Beats 16 Cities in Urban Green Areas", *Straits Times*, 23 de febrero de 2017, https://straitstimes.com/singapore/environment/not-a-concrete-jungle-sin gapore-beats-16-cities-in-green-urban-areas

2 "Urban Heat Island in Singapore", Cooling Singapur, 23 de enero de 2019, https://www.coolingsin gapore.sg/uhi-singapore

3 *Ibid.*

4 Secretaría de Medio Ambiente y Recursos Hidráulicos, Secretaría de Desarrollo Nacional, *Sustainable Singapore Blueprint 2015: Our Home, Our Environment, Our Future* (2015), https://sustainablede velopment.un.org/content/documents/16253Sustainable_Singapore_Blueprint_2015.pdf

5 South, Eugenia C., Bernadette C. Hohl, Michelle C. Kondo, John M. MacDonald y Charles C. Branas, "Effect of Greening Vacant Land on Mental Health of Community-Dwelling Adults: A Cluster Randomized Trial", *JAMA Network Open* 1, núm. 3 (2018), pp. e180298-e180298, https://jamanet work.com/journals/jamanetworkopen/fullarticle/2688343

6 Chang, Chen-Yen y Ping-Kun Chen, "Human Response to Window Views and Indoor Plants in the Workplace", *HortScience* 40, núm. 5 (2005), pp. 1354-59.

7 Ulrich, Roger S., "View Through a Window May Influence Recovery from Surgery", *Science* 224, núm. 4647 (1984), pp. 420-421.

8 Lee, Min-sun, Juyoung Lee, Bum-Jin Park y Yoshifumi Miyazaki, "Interaction with Indoor Plants May Reduce Psychological and Physiological Stress by Suppressing Autonomic Nervous System Activity in Young Adults: A Randomized Crossover Study", *Journal of Physiological Anthropology* 34, núm. 1 (2015), p. 21.

9 Wichrowski, Matthew J., Jonathan Whiteson, François Haas, Ana Mola y Mariano J. Rey, "Effects of Horticultural Therapy on Mood and Heart Rate in Patients Participating in an Inpatient Cardiopulmonary Rehabilitation Program", *Journal of Cardiopulmonary Rehabilitation and Prevention* 25, núm. 5 (2005), pp. 270-74.

10 Gerlach-Spriggs, Nancy, Richard Enoch Kaufman y Sam Bass Warner Jr., *Restorative Gardens: The Healing Landscape*, New Haven, Connecticut, Yale University Press, 2004.

11 Nightingale, Florence, *Notes on Nursing*, edición revisada y anotada, Londres, Ballière Tindall, 1996.

12 Park, Bum-Jin, Yuko Tsunetsugu, Tamami Kasetani, Takahide Kagawa y Yoshifumi Miyazaki, "The Physiological Effects of Shinrin-Yoku (Taking in the Forest Atmosphere or Forest Bathing): Evidence from Field Experiments in 24 Forests Across Japan", *Environmental Health and Preventive Medicine* 15, núm. 1 (2010), p. 18; Lee, Juyoung, Bum-Jin Park, Yuko Tsunetsugu, Tatsuro Ohira, Takahide Kagawa y Yoshifumi Miyazaki, "Effect of Forest Bathing on Physiological and Psychological Responses in Young Japanese Male Subjects", *Public Health* 125, núm. 2 (2011), pp. 93-100; Li, Qing, K. Morimoto, M. Kobayashi, H. Inagaki, M. Katsumata, Yukiyo Hirata, Kimiko Hirata, *et al.*, "Visiting a Forest, But Not a City, Increases Human Natural Killer Activity and Expression of

Anti-Cancer Proteins", *International Journal of Immunopathology and Pharmacology* 21, núm. 1 (2008), pp. 117-127; Li, Q., K. Morimoto, A. Nakadai, H. Inagaki, M. Katsumata, T. Shimizu, Y. Hirata, *et al.*, "Forest Bathing Enhances Human Natural Killer Activity and Expression of Anti-Cancer Proteins", *International Journal of Immunopathology and Pharmacology* 20, núm. S2 (2007), pp. 3-8.

13 Campbell, Helen, *Darkness and Daylight; or Lights and Shadows of New York Life: A Woman's Story of Gospel, Temperance, Mission, and Rescue Work*, Hartford, Connecticut: A. D. Worthington & Company, 1892.

Capítulo 3. Amamos lo que notamos

1 Dugan, Frank M., "Shakespeare, Plant Blindness, and Electronic Media", *Plant Science Bulletin* 62, núm. 2 (2016), pp. 85-93.

2 Krosnick, Shawn E., Julie C. Baker y Kelly R. Moore, "The Pet Plant Project: Treating Plant Blindness by Making Plants Personal", *The American Biology Teacher* 80, núm. 5 (2018), pp. 339-345.

Capítulo 5. Historia humana de las plantas caseras

1 Dehgan, Bijan, *Public Garden Management: A Global Perspective*, vol. 2, Xlibris Corporation, 2014.

2 *Ibid.*

3 Biggs, Caroline, "Plant-Loving Millennials at Home and at Work", *The New York Times*, 9 de marzo de 2018, https://nytimes.com/2018/03/09/realestate/plant-loving-millennials-at-home-and-at-work.html.

Capítulo 6. Familiarízate con tus plantas

1 Gagliano, Monica, Mavra Grimonprez, Martial Depczynski y Michael Renton, "Tuned In: Plant Roots Use Sound to Locate Water", *Oecologia* 184, núm. 1 (2017), pp. 151-160.

Capítulo 7. Despierta el amor de una planta

1 Stuntz, Sabine, Ulrich Simon y Gerhard Zotz, "Rainforest Air-Conditioning: The Moderating Influence of Epiphytes on the Microclimate in Tropical Tree Crowns", *International Journal of Biometeorology* 46, núm. 2 (2002), pp. 53-59.

2   Dawson, Todd E., "Hydraulic Lift and Water Use by Plants: Implications for Water Balance, Performance and Plant-Plant Interactions", *Oecologia* 95, núm. 4 (1993), pp. 565-574.

3   Nobre, Antonio Donato, *The Future Climate of Amazonia, Scientific Assessment Report*, traducido por Margi Moss, experta del American Journal, São José dos Campos, ARA, CCST-INPE, INPA, 2014.

4   Hoorman, J. J., *The Role of Soil Bacteria*, Agriculture and Natural Resources Fact Sheet SAG, Columbus, Ohio, Ohio State University, 2011, pp. 13-11.

5   Ingham, Elaine, Andrew R. Moldenke y Clive Arthur Edwards, *Soil Biology Primer*, Soil and Water Conservation Society, 2000.

6   Mendes, Rodrigo, Paolina Garbeva y Jos M. Raaijmakers, "The Rhizosphere Microbiome: Significance of Plant Beneficial, Plant Pathogenic, and Human Pathogenic Microorganisms", *FEMS Microbiology Reviews* 37, núm. 5 (2013), pp. 634-663.

7   Delory, Benjamin M., Pierre Delaplace, Marie-Laure Fauconnier y Patrick Du Jardin, "Root-Emitted Volatile Organic Compounds: Can They Mediate Belowground Plant-Plant Interactions?", *Plant and Soil* 402, núms. 1-2 (2016), pp. 1-26.

RECURSOS ADICIONALES

Para consultar otras fuentes de información de Summer Rayne Oakes, visita:

HOMESTEAD BROOKLYN

homesteadbrooklyn.com

Un blog fotográfico que contiene información destacada sobre jardinería, recetas caseras y mucho más.

PLANT ONE ON ME

youtube.com/user/summerrayneoakes

Una serie de YouTube que documenta recomendaciones de jardinería para interiores y exteriores, consejos sobre el cuidado de las plantas, excursiones botánicas y recorridos detrás de cámaras dentro de jardines botánicos, invernaderos y con cultivadores.

CLASE MAGISTRAL SOBRE PLANTAS CASERAS

houseplantmasterclass.com

Un curso audiovisual exhaustivo que te enseñará cómo cuidar tus plantas caseras.

INSTAGRAM

@homesteadbrooklyn

Una cuenta de Instagram que ofrece inspiración diaria e información destacada sobre plantas y jardinería.

ÍNDICE ANALÍTICO

Esta obra se imprimió y encuadernó
en el mes de abril de 2020,
en los talleres de Corporativo Prográfico, S.A. de C.V.,
Calle Dos #257, bodega 4, Col. Granjas San Antonio,
09070, Iztapalapa, Ciudad de México.